U0289349

MX 勘探开发梦想云丛书

海外智能油气田

贾　勇　刘合年◎等编著

石油工业出版社

内容提要

本书为《勘探开发梦想云丛书》之一。

本书总结了中国石油海外油气业务发展现状及其信息化建设成果，分析了海外油气勘探开发及其数字化转型所面临的困难与挑战，基于中国石油勘探开发梦想云平台技术路线和建设成果，开展了海外油气业务数字化转型智能化发展研究与设计，描绘了中国石油海外油气业务数字化发展新图景。

针对海外油气勘探开发与工程建设所面临的复杂环境和诸多挑战，数字与智能技术的应用为海外油气业务绿色低碳、可持续发展拓宽了新途径，提供了新方案。

本书所介绍的中国石油海外油气业务数字化建设实践、数字化转型和智能化发展工程规划与创新设计，可为从事国内外油气业务的决策者以及同行提供借鉴参考，同时也对国内外油气企业提质增效、绿色环保、可持续发展具有较大的指导作用。

图书在版编目（CIP）数据

海外智能油气田 / 贾勇等编著 .—北京：石油工

业出版社，2021.8

　　（勘探开发梦想云丛书）

　　ISBN 978–7–5183–4699–8

Ⅰ . ① 海… Ⅱ . ① 贾… Ⅲ . ① 智能技术 – 应用 – 油田

开发 – 研究 – 世界 Ⅳ . ① TE34

中国版本图书馆 CIP 数据核字（2021）第 160886 号

出版发行：石油工业出版社

　　（北京安定门外安华里 2 区 1 号　100011）

　　网　　址：www.petropub.com

　　编辑部：（010）64251539　图书营销中心：（010）64523633

经　销：全国新华书店

印　刷：北京中石油彩色印刷有限责任公司

2021 年 8 月第 1 版　2021 年 8 月第 1 次印刷

710×1000 毫米　开本：1/16　印张：16.25

字数：262 千字

定价：150.00 元

《海外智能油气田》

编 写 组

组　长：贾　勇　　刘合年

副组长：马文杰　　李永产　　刘　斌

成　员：马　涛　　马良乾　　许增魁　　王和平

　　　　张光荣　　刘明明　　杨　杰　　张军涛

　　　　刘冰琰　　杨慧卿　　毛大伟　　郭玲玲

　　　　毛　骏　　王　伟　　程顺顺　　王　珂

　　　　赵贵菊

PREFACE •••

序 一

过去十年，是以移动互联网为代表的新经济快速发展的黄金期。随着数字化与工业产业的快速融合，数字经济发展重心正在从消费互联网向产业互联网转移。2020 年 4 月，国家发改委、中央网信办联合发文，明确提出构建产业互联网平台，推动企业"上云用数赋智"行动。云平台作为关键的基础设施，是数字技术融合创新、产业数字化赋能的基础底台。

加快发展油气工业互联网，不仅是践行习近平总书记"网络强国""产业数字化"方略的重要实践，也是顺应能源产业发展的大势所趋，是抢占能源产业未来制高点的战略选择，更是落实国家关于加大油气勘探开发力度、保障国家能源安全的战略要求。勘探开发梦想云，作为油气行业的综合性工业互联网平台，在这个数字新时代的背景下，依靠石油信息人的辛勤努力和中国石油信息化建设经年累月的积淀，厚积薄发，顺时而生，终于成就了这一博大精深的云端梦想。

梦想云抢占新一轮科技革命和产业变革制高点，构建覆盖勘探、开发、生产和综合研究的数据采集、石油上游 PaaS 平台和应用服务三大体系，打造油气上游业务全要素全连接的枢纽、资源配置中心，以及生产智能操控的"石油大脑"。该平台是油气行业数字化转型智能化发展的成功实践，更是中国石油实现弯道超车打造世界一流企业的必经之路。

梦想云由设备设施层、边缘层、基础设施、数据湖、通用底台、服务中台、应用前台、统一入口等 8 层架构组成。边缘层通过物联网建设，打通云边端数据通道，重构油气业务数据采集和应用体系，使实时智能操作和决策成为可能。数据湖落地建成为由主湖和区域湖构成、具有油气特色的连环数据湖，逐步形成开放数据生态，推动上游业务数据资源向数据资产转变。通用底台提供云原生开发、云化集成、智能创新、多云互联、生态运营等 12 大平台功能，纳管人工智能、大数据、区块链等技术，成为石油上游工业操作系统，使软件开发不再从零开始，设计、开发、运维、运营都在底台上实现，构建业务应用更快捷、高效，业务创新更容易，成为中国石油自主可控、功能完备的智能云平台。服务中台涵盖业务中台、数据中台和专业工具，丰富了专业微服务和共享组件，具备沉淀上游业务知识、模型和算法等共享服务能力，创新油气业务"积木式"应用新模式，极大促进降本增效。

梦想云不断推进新技术与油气业务深度融合，上游业务"一云一湖一平台一入口""油气勘探、开发生产、协同研究、生产运行、工程技术、经营决策、安全环保、油气销售"四梁八柱新体系逐渐成形，工业APP数量快速增长，已成为油气行业自主安全、稳定开放、功能齐全、应用高效、综合智能的工业互联网平台，标志着中国石油油气工业互联网技术体系初步形成，梦想云推动产业生态逐渐成熟、应用场景日趋丰富。

油气行业正身处在一扇崭新的风云际会的时代大门前。放眼全球，领先企业的工业互联网平台正处于规模化扩张的关键期，而中国工业互联网仍处于起步阶段，跨行业、跨领域的综合性平台亟待形成，面向特定行业、特定领域的企业级平台尚待成熟，此时，稳定实用的梦想云已经成为数字化转型的领跑者。着眼未来，我国亟须加强统筹协调，充分发挥政府、企业、研究机构等各方合力，把握战略窗口期，积极推广企业级示范平台建设，抢占基于工业互联网平台的发展主动权和话语权，打造新型工业体系，加快形成培育经济增长新动能，实现高质量发展。

《勘探开发梦想云丛书》简要介绍了中国石油在数字化转型智能化发展中遇到的问题、挑战、思考及战略对策，系统总结了梦想云建设成果、建设经验、关键技术，多场景展示了梦想云应用成果成效，多维度展望了智能油气田建设的前景。相信这套书的面世，对油气行业数字化转型，对推进中国能源生产消费革命、推动能源技术创新、深化能源体制机制改革、实现产业转型升级都具有重大作用，对能源行业、制造行业、流程行业具有重要借鉴和指导意义。适时编辑出版本套丛书以飨读者，便于业内的有识之士了解与共享交流，一定可以为更多从业者统一认识、坚定信心、创新科技作出积极贡献。

中国科学院院士　孙承华

序 二

当今世界，正处在政治、经济、科技和产业重塑的时代，第六次科技革命、第四次工业革命与第三次能源转型叠加而至，以云计算、大数据、人工智能、物联网等为载体的技术和产业，正在推动社会向数字化、智能化方向发展。数字技术深刻影响并改造着能源世界，而勘探开发梦想云的诞生恰逢其时，它是中国石油数字化转型、智能化发展中的重大事件，是实现向智慧油气跨越的重要里程碑。

短短五年，梦想云就在中国石油上游业务的实践中获得了成功，广泛应用于油气勘探、开发生产、协同研究等八大领域，构建了国内最大的勘探开发数据连环湖。业务覆盖 50 多万口油气水井、700 个油气藏、8000 个地震工区、40000 座站库，共计 5.0PB 数据资产，涵盖 6 大领域、15 个专业的结构化、非结构化数据，实现了上游业务核心数据全面入湖共享。打造了具有自主知识产权的油气行业智能云平台和认知计算引擎，提供敏捷开发、快速集成、多云互联、智能创新等 12 大服务能力，构建井筒中心等一批中台共享能力。在塔里木油田、中国石油集团东方地球物理勘探有限责任公司、中国石油勘探开发研究院等多家单位得到实践应用。梦想云加速了油气生产物联网的云应用，推动自动化生产和上游企业的提质增效；构建了工程作业智能决策中心，支持地震物探作业和钻井远程指挥；全面优化勘探开发业务的管理流程，加速从线下到线上、从单井到协同、从手工到智能的工作模式转变；推进机器人巡检智能工作流程等创新应用落地，使数字赋能成为推动企业高质量发展的新动能。

《勘探开发梦想云丛书》是首套反映国内能源行业数字化转型的系列丛书。该书内容丰富，语言朴实，具有较强的实用性和可读性。该书包括数字化转型的概念内涵、重要意义、关键技术、主要内容、实施步骤、国内外最佳案例、上游应用成效等几个部分，全面展示了中国石油十余年数字化转型的重要成果，勾画了梦想云将为多个行业强势赋能的愿景。

　　没有梦想就没有希望，没有创新就没有未来。我们正处于瞬息万变的时代——理念快变、思维快变、技术快变、模式快变，无不在催促着我们在这个伟大的时代加快前行的步伐。值此百年一遇的能源转型的关键时刻，迫切需要我们运用、创造和传播新的知识，展开新的翅膀，飞临梦想云，屹立云之端，体验思维无界、创新无限、力量无穷，在中国能源版图上写下壮美的篇章。

中国科学院院士

丛书前言

党中央、国务院高度重视数字经济发展，做出了一系列重大决策部署。习近平总书记强调，数字经济是全球未来的发展方向，要大力发展数字经济，加快推进数字产业化、产业数字化，利用互联网新技术新应用对传统产业进行全方位、全角度、全链条的改造，推动数字经济和实体经济深度融合。

当前，世界正处于百年未有之大变局，新一轮科技革命和产业变革加速演进。以云计算、物联网、移动通信、大数据、人工智能等为代表的新一代信息技术快速演进、群体突破、交叉融合，信息基础设施加快向云网融合、高速泛在、天地一体、智能敏捷、绿色低碳、安全可控的智能化综合基础设施发展，正在深刻改变全球技术产业体系、经济发展方式和国际产业分工格局，重构业务模式、变革管理模式、创新商业模式。数字化转型正在成为传统产业转型升级和高质量发展的重要驱动力，成为关乎企业生存和长远发展的"必修课"。

中国石油坚持把推进数字化转型作为贯彻落实习近平总书记重要讲话和重要指示批示精神的实际行动，作为推进公司治理体系和治理能力现代化的战略举措，积极抓好顶层设计，大力加强信息化建设，不断深化新一代信息技术与油气业务融合应用，加快"数字中国石油"建设步伐，为公司高质量发展提供有力支撑。经过20年集中统一建设，中国石油已经实现了信息化从分散向集中、从集中向集成的两次阶段性跨越，为推动数字化转型奠定了坚实基础。特别是在上游业务领域，积极适应新时代发展需求，加大转型战略部署，围绕全面建成智能油气田目标，制定实施了"三步走"战略，取得了一系列新进步新成效。由中国石油数字和信息化管理部、勘探与生产分公司组织，昆仑数智科技有限责任公司为主打造的"勘探开发梦想云"就是其中的典型代表。

勘探开发梦想云充分借鉴了国内外最佳实践，以统一云平台、统一数据湖及一系列通用业务应用（"两统一、一通用"）为核心，立足自主研发，坚持开放合作，整合物联网、云计算、人工智能、大数据、区块链等技术，历时五年持续攻关与技术迭代，逐步建成拥有完全自主知识产权的自主可控、功能完备的智能工业互联网平台。2018年，勘探开发梦想云 1.0 发布，"两统一、一通用"蓝图框架基本落地；2019 年，勘探开发梦想云 2.0 发布，六大业务应用规模上云；2020 年，勘探开发梦想云 2020 发布，梦想云与油气业务深度融合，全面进入"厚平台、薄应用、模块化、迭代式"的新时代。

　　勘探开发梦想云改变了传统的信息系统建设模式，涵盖了设备设施层、边缘层、基础设施、数据湖、通用底台、服务中台、应用前台、统一入口等 8 层架构，拥有 10 余项专利技术，提供云原生开发、云化集成、边缘计算、智能创新、多云互联、生态运营等 12 大平台功能，建成了国内最大的勘探开发数据湖，支撑业务应用向"平台化、模块化、迭代式"工业 APP 模式转型，实现了中国石油上游业务数据互联、技术互通、研究协同，为落实国家关于加大油气勘探开发力度战略部署、保障国家能源安全和建设世界一流综合性国际能源公司提供了数字化支撑。目前，中国石油相关油气田和企业正在以勘探开发梦想云应用为基础，加快推进数字化转型智能化发展。可以预见在不远的将来，一个更加智能的油气勘探开发体系将全面形成。

　　为系统总结中国石油上游业务数字化、智能化建设经验、实践成果，推动实现更高质量的数字化转型智能化发展，本着从概念设计到理论研究、到平台体系、到应用实践的原则，中国石油 2020 年 9 月开始组织编撰《勘探开发梦想云丛书》。该丛书分为前瞻篇、基础篇、实践篇三大篇章，共十部图书，较为全面地总结了"十三五"期间中国石油勘探开发各单位信息化、数字化建设的经验成果和优秀案例。其中，前瞻篇由《数字化转型智能化发展》一部图书组成，主要解读数字化转型的概念、内涵、意义和挑战等，诠释国家、行业及企业数字化转型的主要任务、核心技术和发展趋势，对标分析国内外企业的整体水平和最佳实践，提出数字化转型智能化发展愿景；基础篇由《梦想云平台》《油气生产物联网》《油气人工智能》三部图书组成，主要介绍中国石油勘探开发梦想云平台的技术体系、建设成果与应用成效，以及"两统一、一通用"的上游信息化发展总体蓝图，并详细阐述了物联网、人工智能等数字技术在勘探开发领域的创新应用成果；实践篇由《塔里木智能油气田》《长庆智能油气田》《西南智能油气田》《大港智能油气田》《海外智能油气田》《东方智能物探》六部图书组成，分别介绍了相关企业信息化建设概况，以及基于勘探开发梦想云平台的数字化建设蓝图、实施方案和应用成效，提出了未来智能油气的前景展望。

该丛书编撰历经近一年时间，经过多次集中研究和分组讨论，圆满完成了准备、编制、审稿、富媒体制作等工作。该丛书出版形式新颖，内容丰富，可读性强，涵盖了宏观层面、实践层面、行业先进性层面、科普层面等不同层面的内容。该丛书利用富媒体技术，将数字化转型理论内容、技术原理以知识窗、二维码等形式展现，结合新兴数字技术在国际先进企业和国内油气田的应用实践，使数字化转型概念更加具象化、场景化，便于读者更好地理解和掌握。

该丛书既可作为高校相关专业的教科书，也可作为实践操作手册，用于指导开展数字化转型顶层设计和实践参与，满足不同级别、不同类型的读者需要。相信随着数字化转型在全国各类企业的全面推进，该丛书将以编撰的整体性、内容的丰富性、可操作的实战性和深刻的启发性而得到更加广泛的认可，成为专业人员和广大读者的案头必备，在推动企业数字化转型智能化发展、助力国家数字经济发展中发挥积极作用。

中国石油天然气集团有限公司副总经理　焦方正

FOREWORD ●●●

前　言

　　中国石油国际勘探开发有限公司（以下简称"中油国际"），是中国石油天然气集团有限公司（以下简称"中国石油"）所属负责海外石油天然气勘探开发、炼化销售和管道运营管理的专业子公司，在全球 30 多个国家管理和运营着 90 多个国际油气合作项目。

　　为落实中国石油数字化与智能化发展战略，中油国际以推动"互联网＋业务"云化应用、优化提升网络和基础设施、持续完善数据与信息标准规范和网络安全体系、有效推进公司数字化转型、实现高质量发展为目标，组织开展了以"1412"信息化总体架构为蓝图的建设实践；基于中国石油勘探开发梦想云平台建设成果，综合应用物联网、虚拟现实、大数据、人工智能、云计算、移动应用等新兴数字化技术，提出了智能油气藏、智能生产中心、智能运营中心、知识共享与决策支持中心等全新的生产运营管理体系和数字化、智能化创新规划与设计，为持续增强中油国际的核心竞争力和价值创造力拟定了行动方案。

　　全书共分为四章。第一章是数字油田建设现状与发展需求，主要介绍中国石油海外油气业务发展概况，"十二五"海外油气勘探开发业务进行信息规模化、一体化建设以来取得的阶段性成果，以及为提高海外油气业务管理水平所发挥的积极作用，同时也指出了"十四五"数字化转型智能化发展所面临的挑战。第二章是数字化转型与智能化发展基础，从 IT 基础设施、经营管理、勘探开发管理、阿姆河项目公司和乍得项目公司数字油气田示范工程建设四个维度，详细介绍了中国石油海外油气业务数字化转型的基础。第三章是数字化转型顶层设计，基于中国石油海外油气业务发展战略和信息化战略，从数字化转型目标蓝图、总体架构、转型途径和技术路线、价值评判体系等方面全面介绍了数字化转型的整体规划和顶层设计，基于海外数字化转型试点介绍了数字化转型的实施方案。第四章是智能化发展，从智能技术发展趋势，梳理了海外智能化发展的未来愿景，包括智能油气藏、智能生产中心、数字化交付与集成应用、智能运营中心、知识共享与决策支持中心等正在以及正待开展的智能化业务场景建设，展现了中国石油海外油气业务智能化发展的新图景。

在全书的编写过程中，参与者的分工与主要贡献如下：丛书编委会对全书的整体思路与框架进行了多轮详细指导和设计，中油国际联合昆仑数智科技有限责任公司（海外信息技术中心）相关专家对本书的内容进行了编写。前言部分由刘冰琰、郭玲玲、马涛负责编写；第一章由杨慧卿、毛大伟、郭玲玲负责编写，程顺顺负责审校；第二章由杨慧卿、程顺顺、杨杰、王和平、刘明明、王伟、张军涛负责编写，毛大伟、刘冰琰负责审校；第三章由毛大伟、刘冰琰、马涛、赵贵菊负责编写，毛骏、郭玲玲负责审校；第四章由马涛、毛骏、郭玲玲、王珂、许增魁、刘冰琰负责编写，杨慧卿、王伟负责审校。马文杰、马涛、许增魁对全稿进行审修。此外，马文杰、马良乾组织了全书的编写工作；李永产、刘斌、张光荣、岳坤姣等参与了多轮审核工作并组织提供了多方面的素材；贾勇、刘合年、卞德智等领导组织开展了海外油气业务信息化和数字化转型智能化发展相关工作，对本书的编写给予指导，对本书所述成果的取得起到了至关重要的作用。

本书的编写得到了中油国际科技信息部、海外信息技术中心，中油国际乍得项目公司地面工程部、开发部，中油国际阿姆河项目公司基建工程部、信息部，昆仑数智科技有限责任公司科技与数字化部、智慧油田开发生产业务部等单位大力支持，在此表示衷心的感谢！

在本书编写的过程中，得到了杜金虎、张晓军、樊少明、金平阳、刘泊伶等专家的悉心指导，在此一并致谢！

受限于作者的知识水平，错误与不当之处在所难免，敬请广大读者不吝指正。

目录

第一章 数字油田建设现状与发展需求

中国石油相关业务在地域上可分为国内和海外两大部分，其中海外油气业务在数字化转型、智能化发展中有着与国内不同的环境、需求和建设方式。本章重点介绍中油国际海外油气业务发展概况、数字油田建设现状以及数字化转型升级所面临的挑战。

"十二五"与"十三五"的信息化建设过程中，中油国际信息技术组织体系、制度体系、标准体系等管控体系基本建立，发布了项目管理制度、系统运维管理制度等；推广实施了海外勘探开发信息管理系统，建设了阿姆河项目公司数字化气田、乍得项目公司数字油田示范工程，形成了可快速推广的数字油气田建设方案和体系化产品，为"十四五"数字化转型、智能化发展奠定了较好的基础。

本章将从 IT 基础设施、经营管理信息系统、海外勘探开发信息管理系统和数字油气田示范工程四个方面对海外油气业务数字化转型与智能化发展基础进行介绍。

在"十二五""十三五"的信息化与数字化建设过程中，中油国际油气业务整体运营与管控能力得到了持续加强，在生产操作、生产管理、协同研究、经营管理、综合管理与共享决策等方面具备了初步的数字化、网络化、协同化、可视化能力，为后续的数字化转型、智能化发展奠定了较好的基础。

本章重点介绍中油国际数字化转型目标蓝图、数字化转型总体架构、数字化转型途径与技术路线、数字化转型价值评价体系、梦想云应用方案、现有系统升级改造方案和尼日尔项目公司数字化转型建设方案。

第四章 智能化发展

数字化转型是智能化发展的基础，智能化发展是数字化转型的高级形态。建立并形成面向全产业链、业务链、价值链的数字生态是企业数字化转型成功的首要标志。良好的数字生态是释放数字潜能、推动数字产业优势整合、数字资产深度研用、数字工业模式重塑、企业发展推陈出新、数字经济高效发展的重要支撑。

本章基于大数据、人工智能等智能技术在石油行业的应用及发展趋势，对中油国际油气业务智能化发展进行展望。

第一章
数字油田建设现状与发展需求

中国石油相关业务在地域上可分为国内和海外两大部分，其中海外油气业务在数字化转型、智能化发展中有着与国内不同的环境、需求和建设方式。本章重点介绍中油国际海外油气业务发展概况、数字油田建设现状以及数字化转型升级所面临的挑战。

第一节　信息技术发展背景

当前，快速发展中的数字与智能技术已成为全球数字经济发展的重要引擎，为企业高质量发展提供了新动能。

面对扑面而来的数字经济发展大潮，中国石油将数字技术融入油气产业链的产品、服务和流程中，将数字化转型、智能化发展作为推动公司发展理念、工作模式、运营管理、科技研发、管理体制机制变革和打造智能化生产、网络化协同、个性化服务的新能力。戴厚良董事长提出在发展理念变革方面，重构价值体系，调整生产关系，从产能驱动型发展模式转变为创新驱动型发展模式，着力以新要素、新动力、新能力，形成符合"数字中国石油"特色的新产业、新业态、新模式；在工作模式变革方面，实现工作全过程的电子化、网络化、平台化，支撑流程督办、视频会议、项目管理、财务管理的移动化、协同化、智能化工作新模式，通过新技术、新工具赋能员工，提高工作效率；在运营管理变革方面，围绕油气业务链提质增效和高效协同，打通 IT（Information Technology）和 OT（Operation Technology）界限，实现数据全面采集和生产过程实时感知，以及经营管理数据集成共享，将知识经验以工业软件的方式进行积累、共享、复用，广泛建立行业特色的知识模型和数字孪生体，为生产经营赋能，为员工赋能；在科技研发变革方面，围绕科研全过程协同和技术知识数字化，通过在科研活动中充分应用数字化工具，精准洞察技术研发需求、提高协同研发效率，支持科研成果数字化，推进知识共享利用，并对成果应用进行跟踪评价，形成科研创新链的闭环管理，提高科研成果转化率，加速数字生产力形成；在管理体制机制变革方面，建立快速适应内外部变化要求的扁平化、专业化、灵活敏捷的组织架构，推动领导力转型，激活组织和员工创新活力，建立匹配的绩效考核和激励约束机制等五大方面的战略部署，将信息化纳入创建世界一流能源企业的目标体系，把数字化转型作为贯彻落实习近平总书记关于建设网络强国、数字中国等重要指示精神的具体行动，并作为推进企业治理体系和治理能力现代化的重大战略举措，大力推动互联网、大数据、人工智能等与油气业务融合应用与创新，着力培育新的增长点，加快形成新动能，驱动公司高质量发展。具体参阅《勘探开发梦想云——数字化转型智能化发展》。

在"十四五"期间，中国石油数字化建设将进入第五阶段，即以智能化为特征的数字化转型发展阶段。这一阶段，建立在集中、集成信息系统基础之上的共享服务和数据分析能力将进一步提升。开展以两化融合、虚实交融、智能技术应用为基础的第二次数字化转型建设，支持以共享服务为重点的业务转型升级，支持企业量化智能决策，通过共享服务中心建设进一步促进相应系统的优化整合。

> 两化融合指工业化和信息化的高层次深度结合，以信息化带动工业化、以工业化促进信息化，走新型工业化道路。

第二节　中油国际业务发展概况

自1993年以来，中国石油积极走出国门，开展国际化经营。二十多年来，中国石油始终秉持"爱国、创业、求实、奉献"的企业精神，发扬大庆精神、铁人精神和中国石油优良传统，在充满机遇与挑战的国际石油市场经受洗礼，迅速成长，实现了海外油气业务从无到有、从小到大的跨越式发展。目前，中国石油海外油气业务已进入规模化发展的新阶段，并成为中国能源战略的重要支撑。

中油国际（英文简称"CNODC"）是中国石油天然气集团有限公司授权专门负责海外油气投资、经营与作业的专业子公司，负责海外石油天然气勘探开发、炼油化工、管道运营业务。作为中国石油海外油气业务的运营管理单位，中油国际坚持"互利共赢、合作发展"理念，不断向国际一流能源公司迈进，大力开展国际化经营，提升公司整体竞争实力，支撑和引领海外油气业务快速发展，规模和实力不断增强，主要经历了四个发展阶段。

（1）探索起步，积累经验（1993—1996 年）。

1993 年创业之初，以中标秘鲁塔拉拉油田项目为标志，以"锻炼队伍、积累经验、培养人才"为主要目标，中国石油开始参与海外油气勘探开发，在探索中谋求发展，并为签约新项目打下了坚实的基础，为未来大中型油气项目的成功运作积累了经验。

（2）基础发展，增强实力（1997—2002 年）。

1997 年以来，在"做大业务规模、大中小项目并举、争当作业者"的发展战略指导下，获取并成功运作位于苏丹、哈萨克斯坦、委内瑞拉境内的油气项目，奠定了发展基础。2002 年底，海外原油作业产量突破 1900 万吨，原油权益产量突破 900 万吨。

（3）跨越发展，成果丰硕（2003—2008 年）。

2003 年以来，以"拓展领域、突出效益、加快回收"为中心目标，以签订乍得、尼日尔、阿尔及利亚等区域内的风险勘探项目和苏丹某海上区块项目为标志，进入风险勘探和海洋业务新领域，前期投入的苏丹、哈萨克斯坦境内等重点项目投资全面回收，实现了跨越发展。2008 年底，海外原油作业产量突破 6000 万吨，海外权益油产量突破 3000 万吨。

（4）规模发展，奠定格局（2009 年至今）。

2009 年以来，确立了"完善战略布点、优化业务布局、提升质量效益"的发展路径，以先后获取伊拉克鲁迈拉、哈法亚和加拿大阿萨巴斯卡油砂、澳大利亚煤层气等战略项目为标志，实现了在中东、美洲和亚太等重点地区和油砂、超重油、煤层气等非常规业务的战略突破。2011 年底，海外油气作业产量突破 1 亿吨油当量，海外权益产量突破 5000 万吨，成功实现了"海外大庆"建设目标。

经过多年发展，中油国际正在向建设优质高效、可持续发展的海外油气业务道路上不断迈进，积极参与国际油气资源的开发利用，深化与资源国和国际石油公司的合作，初步建成中亚—俄罗斯、中东、非洲、美洲和亚太五大油气合作区，构建完成西北、东北、西南和东部海上四大油气战略通道，参与运作和管理着伊拉克、哈萨克斯坦、苏丹、土库曼斯坦等国家境内近十个国际石油界知名的千万吨级油气田和中亚、中哈管道等战略项目。目前，在全球 30 多个国家，管理和运作着 90 多个油气合作项目，以油气勘探开发为核心，集管道运营、炼油化工、油品销售于一体，形成了上中下游一体化的完整油气产业链，构建起多元化的油气供给格局。

中油国际业务的组织运营方式与国内不同，按照行政两级、业务三级的管控模式，业务运作主要分为本部机关、地区公司和项目公司三个层次。本部机关不仅履行对地区公司和项目公司的管理职能，同时拥有投资项目、运营项目的职能；地区公司主要负责所辖项目公司的管理；项目公司由中方和合资方组成联合公司，按照合同模式、股份比例等约定，中方负责或参与联合公司生产和经营相关的事务，承担作业者或非作业者角色，代表了中方不同的话语权，因此，对项目公司的管控不能一概而论，需要因地制宜。

在中国石油国际业务积极拓展过程中，培养和锻炼了一支从事国际油气业务的高素质员工队伍，发展或创新了一批有效勘探开发复杂油气田的先进实用技术，形成了一整套适应海外不同规模、不同合作模式项目的运作管理经验和能力，建立和完善了一系列适应国际油气业务运营的制度、机制与流程，成为全球大中型油气项目开发作业者和国际知名石油公司信赖的优选合作伙伴。

面对未来，中油国际将立足科学发展，不懈追求企业愿景目标，不断推进海外油气业务优质高效与可持续发展，为将中国石油建设成为世界水平综合性国际能源公司而努力。

小 贴 士

海外项目公司合同模式多种多样，包括产品分成合同、租让制合同、回购合同、风险服务合同、工程项目建设—经营—移交（BOT）合同、技术援助（IPR）合同等模式，不同的合同模式其经营运作体制不同。

第三节 中油国际数字油气田建设现状

中国石油海外油气业务一般以油气合同为基础，采用项目模式进行业务管理。海外油气、管道、炼油、销售等业务发展具有跨国经营"点多面广"的特点。海外油气业务历经二十多年的跨越式发展，基本完成全球战略布点，开始进入规模化发展的新阶段。

本节将结合中国石油海外信息化发展历程，按照海外信息化发展阶段对中油国际"十二五"至"十三五"的信息化架构、信息化基础设施建设、信息化应用系统建设及成果等进行总结回顾。对中油国际"1412"信息化规划及"十四五"数字化转型、智能化发展蓝图进行阐述。

一 中油国际信息化建设主要历程

"十二五"至"十三五"期间，世界经济发展对油气资源的依赖仍非常强烈，需求仍呈现为不断增长的态势，海外油气勘探与生产长期面临着油气资源紧缺、国际油价剧烈波动和政治局势动荡的局面，对海外能源安全供给造成威胁。在越来越复杂的国际形势和激烈的国际竞争中，中油国际需要寻求自身的可持续发展道路。同时，海外油气业务在管理上存在着业务结构多样、资产结构复杂、分级分区域管理等特点，特别是海外的油气勘探开发面临着政治环境与安全形势复杂等诸多挑战，并且各专业分散管理，不能及时高效管控现场，各项目公司对口资源国与合作方等多个上级部门，生产动态靠手工录入，数据资产分散，各单位数据标准不统一，信息化水平相对低下。随着海外勘探开发业务的不断发展，这些问题已成为运营管理的瓶颈。

在信息化体系建设之前，中国石油参与海外新区块投标，与其他国际化油公司同台竞技，业务管理和信息化体系成为短板，即使是中方中标，也只能使用合作方提供或资源国指定的管理系统，致使大块儿的管理体系与信息系统使用费用被国际同行切走，同时导致话语权变弱。长期来看，薄弱的信息化能力制约了国际业务的快速开展，成为中国石油在国际化进程中的瓶颈和痛点问题。由此达成的广泛共识是，国际化公司需要有国际水平的管理与信息化能力，信息化是建设综合性国际能源公司的必然选择和重要举措。

为适应经济全球化、网络化发展，提高经济发展质量和效益，增强企业核心竞争力,进一步提高生产经营管理与决策支持水平,适应海外油气业务的发展,加快信息化建设步伐已经成为大势所趋。通过与壳牌(Shell)、英国石油(BP)等国际石油公司对标,明确了向国际能源公司看齐的信息化建设目标,以数字化、信息化为支撑,助力海外油气业务加快发展,成为中油国际海外油气业务持续健康发展的一项重要而紧迫的任务。

海外油气业务信息化从"十五"起步,充分借鉴国际先进经验,继承中国石油国内油气田建设成果,历经"规划先行、统一建设""以建为主、以用促建""以用为主、建用结合""深化应用、共享服务"四个过程(图1-3-1),从各自建设独立的"烟囱式"信息系统,到消除信息孤岛,形成统一建设的全局性信息系统,再到集成与共享服务。经过多年的发展、提升、完善与深化应用,逐步形成中油国际的信息化建设思路和特色,目前正处于数字化、智能化转型的重要时期,需要根据国家、中国石油要求,对标行业优秀实践,结合新技术发展趋势,逐步完成数字化转型,通过技术能力的提升实现中国石油"共享中国石油"的信息化建设目标。

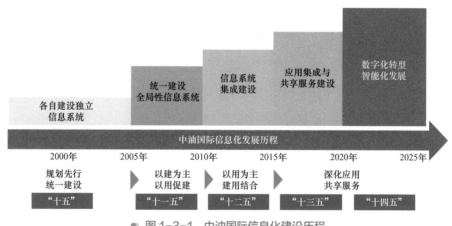

● 图1-3-1 中油国际信息化建设历程

中油国际信息化建设有两个里程碑意义的关键阶段,一个是"十二五"至"十三五"的规模化建设阶段,另一个是"十三五"末启动的数字化转型建设阶段,如图1-3-2所示。

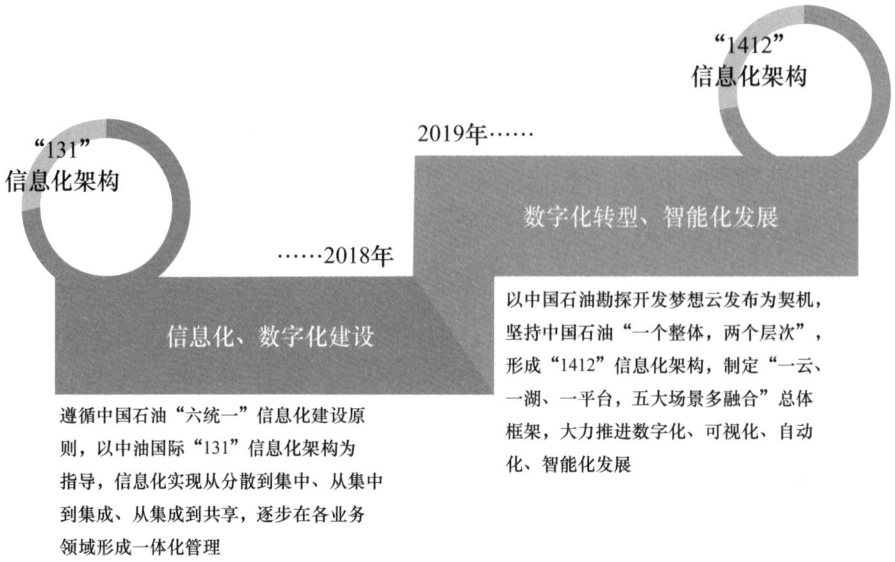

"1412"
信息化架构

"131"
信息化架构

2019年……

数字化转型、智能化发展

……2018年

信息化、数字化建设

以中国石油勘探开发梦想云发布为契机，坚持中国石油"一个整体，两个层次"，形成"1412"信息化架构，制定"一云、一湖、一平台，五大场景多融合"总体框架，大力推进数字化、可视化、自动化、智能化发展

遵循中国石油"六统一"信息化建设原则，以中油国际"131"信息化架构为指导，信息化实现从分散到集中、从集中到集成、从集成到共享，逐步在各业务领域形成一体化管理

● 图1-3-2 中国石油海外信息化发展阶段

在"十二五"至"十三五"规模化建设阶段，遵循"131"信息化架构指导思想，中油国际针对海外业务信息化建设基础弱、应用不足的现状，大力开展信息化基础设施建设，同时，在经营管理、综合管理和生产管理等业务领域组织信息系统集中、集成建设与应用，解决各业务领域分级管理效率低、成本高、风险大，数据标准不统一，数据资产分散管理、信息共享及应用困难等问题，实现信息化从分散到集中、从集中到集成、从集成到共享的一体化运行管理。

伴随着云计算、大数据、人工智能等新技术的快速发展，需要大幅提升信息化的服务能力和响应速度，进一步加强对海外现场的数据共享、协同支持与决策，提高业务领域间的横向融合与共享。

2018年11月27日，中国石油勘探开发梦想云正式发布，标志着国内油气行业首个共享智能云平台落地，上游业务信息化建设全面进入"厚平台、薄应用、模块化、迭代式"发展新阶段。勘探开发梦想云坚持上游"一朵云、一个湖、一个平台、一个门户"建设原则，围绕油气勘探、油气开发、生产运行、协同研究、经营管理、安全环保等核心业务，应用大数据、人工智能等数字与智能技术，实现智能化生产过程控制、智能化研究分析、智能化辅助决策等，全面替代复杂重复性劳动，打造了数据、技术、应用和运营等四大生态，推动中国石油上游业务驶入数字化转型快车道，助力上游业务迈向智能化发展新时代。

中油国际紧紧围绕全面建设世界一流综合性国际能源公司的目标，结合地区公司、项目公司或联合公司所处环境、当地政策及业务工作实际，认真贯彻习近平总书记新时代中国特色社会主义建设指导思想和新发展理念，按照中国石油"一个整体、两个层次"的信息化工作要求，以海外油气业务高质量发展为目标，对标国际油公司，强化创新发展、绿色发展理念，完善信息化管理体系，打造公司核心信息化服务能力，基于勘探开发梦想云建设成果，于 2019 年提出了"一云、一湖、一平台、五大场景多融合"的"1412"信息化架构，成为中油国际数字化转型、智能化发展的新起点，如图 1-3-2 所示。

小 贴 士

"一个整体、两个层次"："一个整体"，即建设中国石油统一的云计算及工业互联网技术体系，包括总部"三地四中心"云数据中心和统一的智能云技术平台，构建统一的数据湖、边缘计算等技术标准体系以及适应云生态的网络安全体系。"两个层次"，即建设支撑总部和专业板块两级分工协作的云应用生态系统，基于统一的云技术架构，中国石油组织开展包括决策支持、经营管理、协同研发、协同办公、共享服务支持等五大应用平台建设，十大专业领域组织开展以生产运营平台为核心的专业云、专业数据湖以及智能物联网系统建设，重点构建适应业务特点和发展需求的"数据中台""业务中台"和相应的工业 APP 应用体系，为业务数字化创新提供高效数据及一体化服务支撑。

二 信息化与数字化建设成果

1. "131"信息化架构

"十二五"期间提出的"131"信息化架构及业务发展战略，旨在以企业级信息化体系为支撑，助力海外油气业务的快速发展，进而提升中油国际综合实力。

按照中国石油信息技术总体规划，结合海外油气业务特点以及中国石油海外油气业务快速发展需要，通过对海外油气业务、信息化现状分析以及国际信息化发展趋势调研和差距分析，中油国际制定的"131"信息化架构包括"一个基础、三条主线、一个中心"，即：以信息化基础建设为基础，以生产管理、经营管理、综合管理为主线，支撑信息共享与决策支持中心，如图1-3-3所示。

● 图1-3-3 "十二五"中油国际"131"信息化架构图

一个基础：依托中国石油信息技术优势，结合海外实际情况，因地制宜地建设由便捷高速的全球企业网络、高效畅通的全球通信系统、安全稳定的海外数据中心、完整严密的信息安全体系所组成的海外信息化基础设施平台。

三条主线分别是经营管理主线、综合管理主线和生产管理主线。

生产管理主线：建成覆盖油气勘探、油气开发、生产运行、管道运营、炼油化工等核心业务的海外油气生产管理平台，推动已建信息系统在海外的推广和深化应用，初步实现海外上游业务生产一体化管理，中、下游业务精细化管理的目标。

经营管理主线：形成以企业资源规划系统（ERP）为核心，包括计划、财务、人力资源、采办、销售等业务在内的经营管理信息系统，大幅提升了海外油气业务的经营管理水平。

综合管理主线：建设涵盖 HSSE、科技、法律、党建、档案等方面的协同办公管理平台，促进综合管理统一标准化、办公协同便捷化、应用开放共享化。

一个中心：持续建设海外信息共享与决策支持平台，提升了海外信息共享与集成应用水平，提高对业务决策的支持能力。

"131"信息化架构的实施，既体现了中国石油"六统一"原则，又充分考虑了中油国际"统一规划、统一标准、多元投入、分级管理"的业务实际，在顶层设计、基础设施、油气业务上中下游生产管理信息系统、经营管理信息系统、制度保障体系建设与应用等方面稳步推进，支撑了海外信息共享与决策支持平台、生产与经营专业化管理和信息基础设施建设，显著提高了生产经营管理与决策水平，促进了海外油气业务的快速发展，提升了经营管理水平和国际竞争力。

小·贴·士

"六统一"：统一规划、统一标准、统一设计、统一投资、统一建设、统一管理。

2. 信息化基础设施建设

海外基础设施经过多年持续建设，基本建成了辐射全球 5 大区域的广域网络、数据中心、基于 ED-SOA（具有事件驱动能力的面向服务的体系架构）的统一技术平台、基础应用等 IT 技术与服务体系，为海外油气生产业务的有效、安全运行提供了基础保障。海外基础设施的逐步完善，为海外信息持续服务与应用创造了条件，为海外油气业务稳定发展奠定了基础。

1）广域网

"十一五"至"十二五"期间，以北京汇接中心为起点，基本建成了辐射全球 5 大区域的树形结构骨干网络（广域网）。

通过"区域中心＋汇聚点"海外广域网络架构，中油国际海外部分中方公司和项目公司通过专线、卫星、VPN等多种类型链路就近接入海外广域网，实现了互联互通和线上业务应用。但仍有部分公司因为各种客观原因未能接入，且由于接入链路标准不一、质量差别大，导致使用不便、安全防护不够等。同时，海外分支机构、项目公司或联合公司内IT人员岗位配备不足，部分公司的IT岗位由其他岗位人员兼任，技术与运维能力有限，而国内的远程支持与国外现场存在时差、作息等方面的差异，也造成远程运维支持不及时、不到位等问题。

2）局域网

中方公司：中方公司的办公网通过当地运营商专线或VPN方式接入企业内网，保障了桌面办公如OA、邮件、视频会议、IP电话、财务等系统的应用。受所在国网络资源、人员岗位、资源投入以及与合作方联合办公等条件所限，部分网络划分逻辑不清晰导致运维复杂，对个别未冗余组网易出现单点故障。部分办公网未全面覆盖，应用体验较差。虽采用了统一网络及安全管控标准，但在应急预案及应急管理等执行方面参差不齐。部分网络缺乏边界防护、日志管理与审计功能，造成了一定的安全隐患。

联合公司：联合公司网络包括办公网、生产网。中方员工通过项目公司链路使用VPN接入企业内网，正常使用OA、邮件、财务等系统；生产网用于保障公司的勘探开发、油气生产、管道运营和石油炼化业务的正常运行，但是，由于办公网和生产网在部分国家未采取物理或逻辑隔离，导致运维复杂，部分网络冗余建设不足，易出现单点故障。联合公司网络质量普遍较差，且覆盖不全，应用体验性差，也存在与中方公司同样的网络安全和应急预案不足等方面的问题。

3）物联网

海外项目公司油气生产物联网普遍覆盖不足，物联网相关产品型号多、服务不足，生产网与办公网数据共享难度大，且难以形成统一的边缘采集接口，致使基于大数据分析的决策支持平台和高效协同的决策场景构建困难。

以乍得 H 区块和阿姆河公司为例。乍得 H 区块启动数字油田建设之前，部分油井数据仍采用人工抄表的方式，数据采集效率低、误差大；阿姆河项目公司的所有井场、集气站、压气站、处理厂等均在产能建设阶段就完成了基本的 DCS、SCADA 等自控系统配备，但自控系统品牌多、产品杂，部分场站、管线没有安装足够的数据自动采集设备，部分数据采集工作还依赖于人工录入。

4）数据中心

中油国际构建了"一主二区多属地"的数据中心。其中，主数据中心位于本部所在地，即北京昌平云数据中心，两个区域数据中心分别位于迪拜和喀土穆，多个属地数据中心位于联合公司所在地。

DCS 是分布式控制系统（Distributed Control System）的简称。SCADA 是数据采集与监视控制系统（Supervisory Control and Data Acquisition）的简称。

基于本部云数据中心，为中油国际中方 25 套业务系统提供了稳定可靠的基础运行环境，实现了信息资源的快速整合，具备高可用性、安全保障和故障及时响应能力。

3. 信息化应用系统建设

在信息化、数字化建设阶段，中油国际信息化工作紧密围绕业务发展战略，按照"131"总体规划架构稳步开展、有序推进。基本完成了经营管理、综合管理、生产管理各专业的网络化办公平台搭建，全面支撑了中油国际海外油气生产业务的正常运转和综合办公业务的线上开展，为中油国际数字化转型奠定了一定的基础。

1）生产管理

建成了海外勘探开发信息管理系统（EPIMS）、炼油与化工运行系统（MES）、生产经营辅助决策系统（BI）、数据上报平台（DCP）等几大类生产管理系统。本部、地区公司、项目公司使用的 EPIMS，覆盖了物探、钻井、录井、测井、试油、地质油藏、油气生产、采油工艺、井下作业、动态监测、分析化验、地面工程等专业的动态数据、静态数据、成果数据及管理数据，系统用户涉及中油国际本部业务部门、地区公司、项目公司、勘探院、物探院、钻井院等单位。同时，部分规模较大的联合公司，自建并部署应用了面向现场生产的管理类信息系统，与 EPIMS 形成了互补。

2）经营管理

中油国际按照"战略管控—财务管控—运营管控"三个层面和"二级行政、三级业务"的组织管理模式开展业务工作。

海外油气、管道等业务具有跨国经营、点多面广的特点，中油国际要统筹考虑本部、地区公司及项目公司三大投资区域、四大业务领域、七大经营业务流程和八种不同合同模式的特征，以"简政放权"授权管理为主要实践方式，构建了一套标准的、符合海外油气业务需要的管控机制。海外的每个项目都需通过战略规划、管理控制、运营执行等阶段完成对整个项目的全生命周期管理，包括对项目投资、项目过程和财务、物资、采购、生产、销售、资产、设备、人力资源、审计等进行体系化综合管理。

中油国际本部、地区公司、项目公司通过 ERP 的实施，建立了以 ERP 业务功能为核心，集成了各经营管理业务流程的数据共享和业务办理系统，与公司内的其他信息系统通过企业门户方式进行集成整合建设，实现了物资采购、服务采购、投资计划、费用预算、资产管理等业务的线上应用，强化了采购执行过程中的预算管控，为各级用户及时了解预算耗费及采购执行动态提供了便利，有效地优化了企业业务运营和过程监控，大幅提升了管理水平，实现了业务管控和供应链管理的一体化，推进了业务垂直管理与决策分析。

3）综合管理

结合海外油气业务实际，将公司综合管理业务划分为行政管理、后勤管理、科技管理、党群管理、HSSE 管理、企业管理、法务管理和纪检监督八个领域，涉及企业内共计 21 个业务部门。

在综合管理领域，结合集团统建与公司自建，本部已建成决策支持、综合办公、档案管理、HSSE 管理、科技信息管理等业务系统，并在地区公司、中方项目公司进行了推广应用，支持相关业务端到端的工作流程，提高了工作效率，实现了多类信息资源的共享应用。构建的协同办公系统 OA，打通了本部机关各部门的日常办公流程以及本部与海外地区公司、项目公司和技术支持机构的办公通道，通过业务流程上的无缝对接，实现了跨部门、跨地域的协同工作，对规范海外业务运行、加快呈报与审批效率发挥了积极作用。

综合管理业务受多种因素影响和限制，在中方公司和联合公司之间具有较为明显的分界。中方公司的综合管理业务在各层级间能够有效地实现信息传递，但联合公司和中方公司之间信息传递尚不能有效同步。受公司成立时间、合同模式不同以及海外国家政策等影响，各联合公司的综合管理水平差异巨大，有的公司已建立了完整的综合管理系统，实现了无纸化办公，而有的联合公司既未建立完整的综合管理系统，也未建立相应的业务系统。

4. 数字化油气田建设

建设了以阿姆河数字气田和乍得数字油田为代表的数字油气田示范工程。阿姆河数字气田建成了数字气田的一体化数据模型、地上地下一体化三维场景，实现了数据资源共享与应用。乍得数字油田通过油气工业控制技术与先进信息技术深度融合，实现了对油田生产过程的实时监测与预警、自动控制与生产优化。

三　数字化转型、智能化发展

"十二五"末，中国石油上游板块针对数据库多、平台多、孤立应用多的"三多"现状，经过对国际信息技术发展趋势的调研，提出了"两统一、一通用"的建设蓝图，核心是建设统一数据湖和统一技术平台，搭建油气勘探、开发生产、协同研究、经营管理和安全环保等通用业务应用，建成了上游业务"一个湖、一个平台、一系列通用业务应用"的梦想云架构及共享应用体系，支撑"油公司"模式改革和一流综合性国际能源公司建设，落实中国石油"共享中国石油"战略部署及"一个整体、两个层次"的总体要求，强化组织管理，开展顶层蓝图设计，整合各类资源，分工分批实施，推进人工智能等先进技术应用，同时，加大投资力度，加

"油公司"模式是以采油气厂为生产主体，把油气勘探、钻井、录井、测井、压裂、修井、储运与供销等辅助业务进行市场化运作的管控模式。即遵循"市场化运行、项目化管理、社会化服务"原则，以甲乙方合同制为主线，以降低油气开发成本、提高作业施工效率、提升管理效益和投资回报率为目标，实现市场化油气开发行为的模式。

强对外合作，建成了涵盖勘探开发全业务链，从作业区、采油气厂、油气田公司到股份公司的信息化支撑体系，在降本增效、增储上产、提高效率、转变生产组织模式等方面取得了显著成效。

勘探开发梦想云融合了国际上先进的理念和最新的 IT 技术，具备安全、开放、兼容与持续演进特性，支持敏捷开发、应用集成、专业软件共享、智能创新、业务协同五大能力，基于中国石油勘探开发数据模型 EPDM V2.0 标准和数据交换模型 EPDMX 规范，采用软件定义存储、数据服务路由等技术，研发了数据连环湖，实现数据逻辑统一、分布存储、互联互通、就近访问。

中油国际积极落实中国石油信息技术总体规划和数字化转型、智能化发展总体要求，按照"业务驱动、IT 引领"的工作方针，充分借鉴和利用勘探开发梦想云成功经验与取得的成果，搭建"集成统一共享"的云平台，制订了"1412"的信息化建设蓝图规划，推动"互联网＋业务"云化应用，优化提升网络和基础设施，持续完善数据与信息标准规范和网络安全体系，推进海外油气业务的数字化转型和高质量发展。

1. "1412"信息化建设蓝图规划

中油国际"1412"信息化建设蓝图规划是对其"十二五""131"信息化架构的完善与升级，用于指导中油国际"十四五"信息化建设，如图1-3-4所示。

"1412"包括一个基础、四条主线、一个中心和两个体系。一个基础是指"基础设施"；四条主线是指"生产操作主线、生产管理主线、经营管理主线、综合管理主线"；一个中心是指"信息共享与决策支持中心"；两个体系是指"网络安全管理体系与信息化管理体系"。

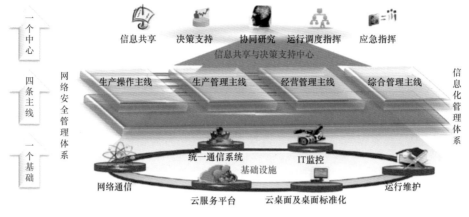

● 图1-3-4　中油国际"1412"信息化建设蓝图规划

"1412"与"131"信息化架构相比，增加了生产操作主线，以及两个体系，即信息化管理体系和网络安全管理体系。

生产操作主线：在项目公司、联合公司层面建成以数字（智能）油气田、数字（智能）管道、数字（智能）炼厂为目标的集成统一共享云平台，支撑项目公司、联合公司层面的信息化规划落地。

信息化管理体系：持续建设了中油国际信息化管理体系，主要包括信息化标准体系、信息化项目管理制度、信息化组织机构建设、信息化运维体系。

网络安全管理体系：继承和完善已有的网络安全建设成果，管理保障、技术保障并重，逐步实现中油国际"责任明确、统一策略、全程管控、协同防御"的网络安全体系。

"1412"其他方面的描述可参考前述"131"信息化架构的相关内容。

2. 信息化建设思路

围绕"1412"信息化发展蓝图，中油国际借鉴勘探开发梦想云的经验与成果，制定了"一云、一湖、一平台、五大场景多融合"的"十三五"后两年至"十四五"的信息化建设总体目标，推进数字化、可视化、自动化、智能化发展，打造中国石油海外信息化服务和共享能力，助力"共享中国石油"目标的实现。

海外油气业务数字化转型、智能化发展以能源互联网标准体系和工业互联网架

小 贴 士

IaaS 是 "Infrastructure as a Service" 的首字母缩写，意思是基础设施即服务。PaaS 是 "Platform as a Service" 的首字母缩写，意为平台即服务。SaaS 是 "Software as a Service" 的首字母缩写，意为软件即服务。

构体系为指导，从系统功用角度设计了设备与设施层、边缘层、IaaS 层、PaaS 层和 SaaS 层，从业务应用角度定义了体系管控、勘探开发、炼油化工、长输管道、投资贸易五大业务领域（图 1-3-5），希望通过网络优化、统一云技术平台、业务智能化、数字油田升级建设等，实现"流程化管控、产品化服务、平台化运营、品牌化输出"的战略目标；建成以公有云和私有云相结合的混合云架构，满足各项业务的流程化管理、业务智能化应用需求，实现全球无差异化、标准化办公，建成一批数字油气田或智能油气田；通过技术输出，在联合公司信息化过程创收超过 10 亿元；海外项目管控能力全面提升，中油国际信息化从管控向赋能转变，达到一流国际石油公司信息化先进水平。

● 图 1-3-5　中油国际一大平台五大应用

通过一大平台五大应用的建设，在基础设施层面，将基于"云、管、端"打造全新的 IT 基础设施，构建基于智能化的海量数据采集、汇聚、分析的服务体系，支撑基础设施资源的泛在连接、弹性供给、高效配置，全面提升数字化赋能能力；

在业务应用层面，将建成一批数字油田 2.0，并取得了良好效果，实现全球无差异标准化办公和业务管理流程化、规范化。通过规范化建设，形成信息化手提箱便捷式解决方案，实现海外模块化、模板化应用推广，海外项目管控和价值创造能力得到全面提升。

"131"信息化架构及其建设成果，为中油国际数字化转型奠定了坚实的基础；"1412"信息化发展蓝图为中油国际数字化转型和智能化发展指明了方向，描绘了中油国际数字化转型发展的新图景（详见第三章第一节）。

第四节　数字化转型智能化发展需求与面临的挑战

中油国际海外油气业务经过信息化和数字化阶段建设，取得了快速发展和长足进步，建立了信息技术管控体系，搭建了海外勘探开发信息管理系统、海外油气生产经营辅助决策系统、经营管理系统、综合管理系统等，在中油国际本部、地区公司、部分项目公司、部分联合公司部署应用；建设了阿姆河项目公司数字化气田、乍得项目数字油田等示范工程，取得了预期成效，形成了可复制、可推广的数字化、智能化油气田建设模板，为"十四五"数字化转型、智能化发展奠定了较好的基础。

然而，与国际先进的油公司相比，中油国际数字化转型、智能化发展还存在不同的困难，面临各种挑战。本节就海外油气业务面临的问题与挑战、对标与差距分析进行介绍。

一　需求与挑战

1. 业务运营与管理方面

1）本部、地区公司在经营管理、综合管理等方面存在的问题、需求与挑战

风险管控难度大，主要表现在以下几个方面：一是部分资源国政策趋紧，投资风险加大；二是全球恐怖主义活动"碎片化"，防恐难度加大；三是地缘政治大变

革、大调整，全球治理体系进入大变革时期，地缘政治格局面临重大调整；四是全球经济进入低速发展状态，整体转入新周期。

资产结构不够优化，资产创效能力不足，主要问题或需求为：一是勘探项目偏少，资源基础有待加强；二是开发项目中，低风险高价值项目少；三是投资回报水平低的问题没有明显改善，受高油价时非常规领域大规模进入的影响；四是体制机制需持续完善，一体化优势的体制机制尚未完全形成；五是海外油气业务体制机制历经近两年的改革调整，仍需进一步细化和落实；六是海外甲乙方一体化面临资源国监管政策趋紧、乙方竞争能力不足、甲乙方协调难度加大等问题；七是在欠发达国家形成的上下游一体化模式难以推广。

在国际化经营能力及技术水平方面，与业务发展需求不相匹配，主要体现为：商务运作能力与国际大石油公司相比存在较大差距，重生产经营、轻资本运作，资产管理分析能力不足，法律、商务运作等管理体系和经验存在差距，过程创效和共享支持服务能力仍有待进一步提高；依托小股东项目向国际大石油公司学习的效果欠佳；技术支持和服务能力需要增强，技术支持体系较为松散、协调层级多，技术支持碎片化、合力不足；有效整合国内成熟的先进技术实现"走出去"及品牌塑造机制欠缺；科技创新力度不够。

在队伍结构方面：高端复合型人才缺失，深水、非常规、LNG 等方面的专业技术人才短缺；具备国际商务谈判能力的法律、经济等高端商务人才短缺；信息技术人才不足。

2）中方项目公司、联合公司在生产操作、生产管理等方面面临的问题、需求与挑战

在油田现场管理方面：管理对象点多、面广、条件恶劣、偏远，某些项目自然环境与政治环境较差；工作组织难度大、安全风险大、传统生产模式、人员有限、语言差异等都使得工作组织开展较国内难度更大；同时受到地理位置、气候条件、政治因素等影响，面临的安全风险较大。

在技术管理方面：缺乏技术人员，难以满足管理需要，一般来说项目公司外方

人员是中方人员的几倍至十几倍不等，中方技术人员现场人数受限，而当地员工受语言、专业技术水平限制，致使核心业务部门人员短缺、业务繁忙；资料管理不规范、水平低下，大多数项目公司通过档案室、文件服务器、科室纸质台账、个人电脑等方式进行管理；分析手段落后，较多公司仍未将分析所需数据记录在电子数据表中，再进行相关算法计算，或是制作成相关分析图版进行分析。

在上产提效方面：受合同期限制，增储上产时间紧迫；专业多，业务管理协调难度较大；采用传统方式进行业务管控审批，纸质签字审批流程流转慢，且受休假、出差等影响，效率低、周期长。

2. 数字化转型基础方面

1）基础设施和 IT 服务

受资源国法律、项目合同类型、油气作业所处环境等多种因素影响，海外基础设施建设总体薄弱，一定程度上影响了信息系统推广应用的速度、质量和效果，成为业务信息系统、邮件系统、视频会议系统、IP 电话系统有效应用的瓶颈之一，制约了远程技术支持与协同办公管理等工作。随着信息系统的大量建成和应用，各项目数据中心机房面临容量严重不足问题，原有体系已无法支撑海外不断增加的信息化需求，亟待建立统一的云服务体系。

2）业务系统应用

面对数字化转型新要求，业务系统在数据时效性、用户体验、数据共享与深化应用等功能性和非功能性方面还不能满足业务的需要。各项目公司信息系统建设多为分散建设和管理，存在"烟囱式"孤立系统，功能互用、信息共享困难；各项目公司根据自身需求建设，总体上存在重复投资、成本居高问题。

3）信息（数据）管理

项目公司数据管理仍处于"初级"水平阶段，缺乏统一的标准体系，勘探开发主数据编码不统一，数据集成度低，数据仍采用人工上报等，数据的及时性和准确性得不到保障；属地油气田数据资产不能被项目公司完全掌握；数据利用程度较低，通常只用于报表汇总和统计，缺乏进一步的深入分析和应用，数据可视化功能不足，通常还局限于表格、图形等方式汇总应用，缺乏对跨领域、全业务链多主题联动的生产数据集中呈现和分析；部分联合公司知识管理刚刚起步，水平不高，经验不足。

4）网络运行与安全

尚未形成"全球一体化"的网络安全管理与运维服务保障体系，本部的安全能力向海外延伸不足；项目公司、联合公司的安全设备来自不同的厂商，种类多；没有专职岗位或人数不足，给统一安全运维造成一定困难；有效的内外网高级攻击威胁告警及溯源机制建设不足，准确定位内网脆弱点较困难，缺少自动发现和阻断机制，日常网络防护压力较大。

5）IT 组织和管控能力

在本部、地区公司以及在海外几十个国家的近百个项目公司中，总共涉及中方人员几千人，专业 IT 人员不足，IT 组织能力欠缺，存在内部支持队伍与外部服务商之间定位、职责不明确问题。很多项目公司组织中没有独立的 IT 部门，缺乏面向 IT 共享服务的运维组织，支持 IT 共享服务困难。

3. 数字化技术应用方面

云计算、物联网、移动应用等新兴数字技术已成为助推传统油气工业数字化转型发展的重要引擎。新兴数字技术与传统油气生产业务的深度融合应用，有助于解决油气藏、井筒、地面设备设施等资产的数字化全生命周期管理，有助于数据与成果共享应用，提升油气田运营效率和油公司的创新创效能力，有利于加快高效协同的智能化油气田建设。

大数据、区块链、人工智能以及新一代数据仓库技术等与生产业务融合应用，有助于解决一系列的智能化技术应用和互信共享问题，实现生产经营的业务流、数据流、信息流一体化闭环管理，推进智能油气藏、智能生产中心、智能生产与地面、智能运营中心等建设，以提升企业经营管理效率，降低运营成本。

二　对标分析

1. 国际油气行业发展面临的困境

国际油气行业发展面临的主要困境是油气需求持续增长，但油价存在较大不确定性，甚至大幅下跌，外部环境（如可再生能源竞争、国际政治环境、新冠肺炎疫情等）不稳定，导致油气行业运营难度加大，持续盈利困难（图1-4-1）。主要表现在以下几方面：价格波动、资产过重、预算超支和生产过剩导致工业经济紧张；在偏远和环境敏感地区进行的勘探与开发投资进一步增加了资本项目的成本及复杂性；可再生能源的增长正在对常规油气资源的需求产生影响；全球碳达峰和碳中和的呼声以及政府监管力度增大、环境限制增加等；专注于价值链特定部分的业务公司的出现正在推动市场动态的变化。

油气行业正面临着供给端和需求端不断变化与调整，全球能源供求趋势的变化，正在颠覆能源价值链，重塑油气行业。

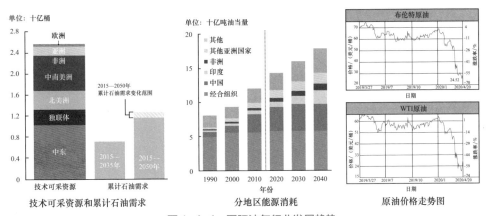

● 图1-4-1　国际油气行业发展趋势

资料来源：BP能源展望2019，IBM获取数字回报，中国行业信息

供给端变化趋势：

（1）非常规油气资源：到2025年，非传统能源将占全球供应总量的12%左右；至2025年，海上能源将占全球供应总量的18%。

（2）针对油气产品的新技术和物料：先进物料的开发（如用于钻井的纳米流体）正在进一步提高效率。

（3）地缘政治格局正在变革：美国轻质致密油（LTO）取代中东运营商，成为原油产量的调节方；石油输出国组织（OPEC）的角色正在转变。

（4）可再生能源进一步普及：可再生能源正在变得越来越经济（例如到2025年，太阳能成本或下降60%左右）。

需求端变化趋势：

（1）需求规律的变化：96%的需求增长来自非经合组织（OECD）国家；共享经济的崛起，导致整体消费下降。

（2）储能能力的发展，带动可再生能源的应用：电池存储能力的发展将显著影响能源消费，并提高可再生能源的应用程度。

（3）电动汽车的崛起，导致石油需求的下降：国际能源组织（IEA）认为，到2040年，全球电动汽车将超过3.3亿辆，将减少每天约400万桶的石油消耗。

（4）气候监管和减排的动力：由于一些国家已经批准第21届联合国气候变化大会（COP21）通过的《巴黎协定》，未来排放控制规定将更加严格。

2. 国际油气行业对策与最佳实践

在这种形势下，国际油气行业纷纷选择应用先进的数字化技术，采取数字化和数字化转型对策，重点是推行资产数字化生命周期管理，逐步实现业务运营智能化，以增强油气企业生存能力、竞争能力和盈利能力。

1）雪佛龙——i-Field

雪佛龙的对策与最佳实践是建设数字油田，将数字油田（i-Field）建设分为四个阶段：即在完善数据采集、网络建设的基础上，依次为实时监控、实时分析、实时优化和企业再造。

雪佛龙以SCADA实时数据采集为基础，整合勘探开发类数据、生产运行类数据、经营管理类数据，集生产监控、生产优化、协同决策、工作流及设备设施的运维检测维修于一体，实现了油气生产领域的智能分析与生产优化，大大提升了油田的生产效率和运营效益。

2）英国石油公司（BP）——"未来油田"

英国石油公司的对策与最佳实践是建设"未来油田"，运用传感器与自动化等技术，将现场与地下的实时数据传送到远程中心进行分析，实现了基于分析的快速决策。BP 已经在其全球范围内产量排名前 100 名的油井中，基本实施了未来油田技术。同时，建立了 35 个遍布全球的"先进协作中心"，实现了多学科和多地点的远程协同。

3）马来西亚国家石油公司——智能一体化运营

马来西亚国家石油公司的对策与最佳实践是以油气资产智能一体化运营提升油田生产效益。马来西亚国家石油公司选择了斯伦贝谢为战略合作伙伴，利用其在油气全产业链上的勘探开发一体化软件平台、井筒解释工具以及生产运营软件平台等三大平台，建立起了智能一体化运营技术平台，并整合了国际主流软件供应商的上百种软件技术，通过对 23 个主题业务流程简化务实的设计与部署，实现了智能油气田在主要生产经营活动中的有效应用。

4）沙特阿美（Saudi Aramco）——数字油田建设

沙特阿美的对策与最佳实践是实施数字油田建设。其中，建设了实时地质导向协同工作环境，实现了钻井现场与后方研究中心多学科专家团队的实时、协同工作与决策。取得了很好的实施效果，包括：最大化储层目标和生产层段；最优化井轨迹使能钻遇复杂储层；优化人力资源，最大化利用专家资源；降低地质不确定性；缩短复杂井钻井周期、降低钻井成本等。

5）斯伦贝谢——DELFI 勘探开发认知环境

斯伦贝谢于 2017 年 9 月 13 日发布了 DELFI 勘探开发认知环境。它采用创新技术，以数据湖为基础、云平台为支撑，将大数据、认知计算等技术与业务深度融合，构建了勘探开发全过程数字化、自动化、智能化专业应用环境。实现了从勘探开发全生命周期流程优化，全面体现了 IT 新技术对勘探开发业务的创新驱动。

3. 对标与差距分析

经较为广泛深入的调研，下面给出了中油国际与全球著名油公司雪佛龙、英国石油公司、沙特阿美和马来西亚国家石油公司以及油服公司斯伦贝谢从基础设施到决策支持能力等方面的对标分析结果（表1-4-1）；通过对标分析，得出了中油国际本部、地区公司和中油国际联合公司在同样的技术领域与国际油公司的差距（表1-4-2）。概括地说，与国际先进的石油公司对比，在信息化建设水平与信息系统覆盖面等方面，中油国际中方公司在信息共享、协同工作、协同研究方面还存在一定差距；中油国际大部分联合公司信息化基础薄弱，信息化建设水平较低、差距较大，在数字技术应用、信息共享、协同工作、协同研究、数字化管理、决策支持方面存在较大差距。

表1-4-1 对标分析

对标类型	雪佛龙	英国石油公司	沙特阿美	马来西亚国家石油公司	斯伦贝谢	中油国际	
						本部、地区公司	联合公司
决策支持	数字油田建设，支持协同决策	基于实时数据的及时分析，快速决策	前后方、多学科实时分析、科学决策	勘探与生产智能一体化协同决策	完善的自主平台支持、决策支持	生产经营辅助决策，覆盖上、中、下游	一些公司建设了实时生产优化、生产运行等决策支持工具
协同研究	协同研究融入协同工作	协同研究融入协同工作	协同研究融入协同工作	一体化协同研究	一体化协同研究平台	无	无
信息共享	实时数据、静态数据、生产管理数据、经营数据共享	将现场与地下的实时数据共享到远程中心	实时数据前后方共享、标准化传输	专业数据共享	开放式的地下地质与油气生产井数据	EPIMS等支持数据共享，时效性正在改善	一些公司有较完整的信息系统，但系统之间信息共享困难
数字化管理	数字化管理，提升了生产效率和运营效益	遍布全球的先进协作中心，数字化生产运行管理	全球最先进的数字/智能油田，管理数字化	业务流程简化，智能油气田运营	完善的自主平台支持管理数字化	EPIMS等系统支持生产运行管理数字化	一些公司建设了数字油田，生产运行管理数字化

续表

对标类型	雪佛龙	英国石油公司	沙特阿美	马来西亚国家石油公司	斯伦贝谢	中油国际	
						本部、地区公司	联合公司
协同工作	生产作业、过程的监测与控制实现实时化、一体化	先进协作中心支撑多学科、远程协同	前后方、多学科实时协同工作	勘探与生产智能一体化运营	自身平台支撑协同工作	业务管理协同工作基础较好	一些公司建设了现场协同工作环境
数字化技术	云计算、物联网、移动应用、人工智能等	云计算、物联网、移动应用、人工智能等	云计算、物联网、移动应用、人工智能等	云计算、物联网、移动应用、人工智能等	平台化转型、数字化技术，包括OSDU	云计算、移动应用等	一些公司建设了云计算、物联网、移动应用等
基础设施	完善的物联网、IT基础设施	完善的物联网、IT基础设施	基础设施完善、先进	较完善的物联网、IT基础设施	基础设施完善、先进	较完善的IT基础设施	一些公司有完善的物联网、IT基础设施

表 1-4-2 差距分析

对标类型	中油国际本部、地区公司		中油国际联合公司	
	现状	差距	现状	差距
决策支持	生产经营辅助决策，覆盖上、中、下游	数字化技术应用、基于实时分析驱动的决策支持工具建设需要加强	一些公司建设了实时生产优化、生产运行等决策支持工具	基于实时数据驱动的生产决策支持较弱；研究与设计成果的协同评审与决策数字化不足
协同研究	没有协同研究环境	缺信息全局共享、协同研究与设计相结合、协同决策、与协同工作环境相结合的协同研究环境	没有协同研究环境	缺信息全局共享、协同研究与设计相结合、协同决策、与协同工作环境相结合的协同研究环境
信息共享	EPIMS等支持数据共享，时效性正在改善	与联合公司线上数据共享比例小	一些公司有较完整的信息系统，但系统之间信息共享困难	实时数据采集、管理、共享应用需要大力加强；缺中方公司与联合公司之间信息共享的高效环境

对标类型	中油国际本部、地区公司		中油国际联合公司	
	现状	差距	现状	差距
数字化管理	EPIMS 等系统支持生产运行管理数字化	管理智能化、实时化需要加强	一些公司建设了数字油田，生产运行管理数字化	管理数字化覆盖面，无论从专业领域，还是项目公司数量都有待加强
协同工作	业务管理协同工作基础较好	协同工作环境需进一步向联合公司延伸	一些公司建设了现场协同工作环境	除了一些公司外，基于实时数据驱动的协同工作环境没有建立起来
数字化技术应用	应用了云计算、移动应用等数字化技术	推进数字化转型，加强适用的数字化技术应用	一些公司建设了云计算、物联网、移动应用等	推进数字化转型，加强适用的数字化技术应用
基础设施	较完善的 IT 基础设施	处于较先进水平	一些公司有完善的物联网、IT 基础设施	油气生产物联网建设不平衡；IT 基础设施水平不平衡

第二章
数字化转型与智能化发展基础

　　"十二五"与"十三五"的信息化建设过程中，中油国际信息技术组织体系、制度体系、标准体系等管控体系基本建立，发布了项目管理制度、系统运维管理制度等；推广实施了海外勘探开发信息管理系统，建设了阿姆河项目公司数字化气田、乍得项目公司数字油田示范工程，形成了可快速推广的数字油气田建设方案和体系化产品，为"十四五"数字化转型、智能化发展奠定了较好的基础。

　　本章将从 IT 基础设施、经营管理信息系统、海外勘探开发信息管理系统和数字油气田示范工程四个方面对海外油气业务数字化转型与智能化发展基础进行介绍。

第一节 IT 基础设施

为保障海外全球化业务系统的可靠运行，支撑中油国际的综合办公、业务管理、业务操作等信息化需求，经过多年持续的基础设施建设，基本建成了服务于中油国际全球业务的网络与安全、数据中心及机房、基础设施云、基础应用与 IT 服务等方面的信息服务体系（图 2-1-1），保障了中油国际海外油气生产相关信息系统的有效、安全运行。

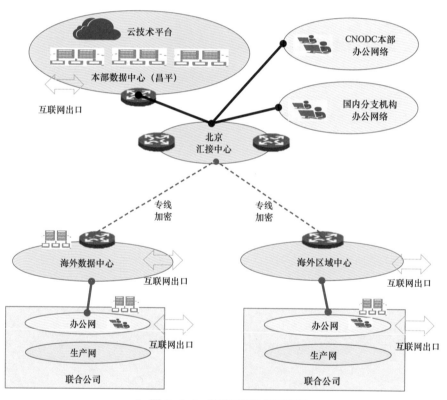

● 图 2-1-1 基础设施全景示意图

海外骨干网络借助中国石油海外广域网，以中东迪拜、非洲苏丹、美洲委内瑞拉、亚太印度尼西亚、中亚哈萨克斯坦为五个区域中心，以中国香港、伦敦、洛杉矶、新加坡为四个汇聚点布局，对海外公司进行全面的链路接入覆盖。卫星等直接回国链路通过北京汇接中心（昌平）进行接入。

基础应用：建成本部机关云桌面，建成视频会议、IP电话等基本通信协作能力。

基础设施云：按照中国石油"十二五"信息技术总体规划完成云数据中心建设，利用虚拟化与资源池化技术实现IaaS服务能力，实现了中油国际中方业务系统云化运行。

数据中心及机房：涵盖1个本部级云数据中心（昌平）、2个区域级数据中心（迪拜和喀土穆）以及联合公司自建机房。

网络与安全：海外网络以北京汇接中心为起点，基本建成辐射5大海外区域的树形结构骨干网络，建成8个汇聚中心，目前共有近200家分支机构可以安全接入。

IT服务：各联合公司数据中心、机房、网络独自运维，基本满足各自所需；IT资产管理层面缺乏统一的管理机制。

一 IT基础应用情况

目前，IT基础应用包括：邮件系统、各种类型场景下的音视频会议系统（统一通信平台、办公网视频会议系统、云视频会议系统、海外音视频通信平台）以及覆盖本部的云桌面办公系统。

统一通信平台：满足海内外分支机构语音通信和视频会议需求。

办公网视频会议系统：满足企业内网视频会议交流的需求。

云视频会议系统：采用混合云部署方式，致力于为公司本部及海内外分支机构和合作伙伴提供稳定可靠且安全的视频会议服务。

海外音视频通信平台：包括集团统建以及部分自建IP电话系统和海外高清视频会议系统。

邮件系统：主要满足中方通信邮件往来的需求。

云桌面办公系统：可减少办公面积，保证网络安全，通过VPN可实现多地办公。

二 云技术应用情况

1. 云技术平台（IaaS）建设情况

"十二五"期间，中国石油云技术平台（IaaS）建设完成，主要提供 IaaS 层的云化服务，具备了弹性计算、存储、网络、备份等云服务能力。

（1）弹性计算云服务（EC2）：通过企业级虚拟化技术，提供具备不同计算能力并进行安全加固的虚拟计算资源，帮助快速构建应用，简化运维，提升效率，降低成本。可根据需求选择不同规格服务及保障支持级别。

（2）存储云服务（EBS）：基于分布式存储架构或 SAN 网络存储架构提供的中、高端存储服务，提供可由弹性计算云服务、物理计算服务进行管理、使用和扩展的存储资源服务。

（3）网络云服务（LBS）：网络云服务（负载均衡服务）是基于负载均衡设备为应用系统提供 4 层（传输层、会话层、表示层、应用层）负载均衡服务。

（4）备份云服务（LBS）：以应用需求和数据类型为导向，提供适用于多种数据类型的备份资源服务，支持虚拟机、文件系统、数据库、应用等类型，提供备份策略的客户化定制服务。

2. 云技术平台（IaaS）应用上云情况

中油国际本部前期自建业务系统采用的是传统建设模式，为满足企业"快速资源获取、按需动态扩展、按实际计量计费、持续降本增效"等需求，中油国际共享中国石油云计算资源，2016 年开始启动云化部署，截至 2019 年底，已经有 25 套业务系统实现了云化应用。借助云基础设施弹性、可靠、安全、免维护等特点，进一步提升 IT 服务的质量，持续降低建设和运维成本，提高整体信息化水平。

2016 年，完成协同办公系统 OA、燕云管理平台 DaaS 等 6 套业务系统上云。

2017 年，完成在线学习平台系统 ELN、人力资源共享管理系统等 5 套业务系统上云。

2018 年，完成企业内容管理系统 ECM、UC 2.0 系统等 4 套业务系统上云。

2019 年，完成文档安全管理系统、日志审计系统、干部履历管理系统等 10 套业务系统上云。

三　数据中心及机房情况

1. 本部级数据中心

本部级数据中心依托中国石油昌平数据中心建设并运营。目前已为中油国际中方 25 套业务系统提供了稳定可靠的基础运行环境。

数据中心符合国标 GB 50174—2017《数据中心设计规范》A 级机房标准和国际标准（美国 UPTIME INSTITUTE）Tier 4 标准。选址、节水、能源与大气、材料和资源及室内环境品质等方面通过了 LEED（能源与环境设计先锋，Leadership in Energy and Environmental Design）绿色建筑评价体系认证，机房内温度、湿度、含尘浓度、静电等指标参考了美国 2008 ASHRAE 标准，PUE 值 ≤ 1.5。

此外本部级数据中心还获得了国家信息安全等级保护三级认证、ISO9001 质量管理体系认证、ISO14001 环境管理体系认证、ISO27001 信息安全管理体系认证、ISO20000 服务管理体系认证及 CMMI L4 软件成熟度等级证书等相关资质。

2. 区域级数据中心

中国石油在中东迪拜、非洲苏丹喀土穆建立了海外区域级数据中心，为中国石油中东、非洲地区的海外分支机构、联合公司提供服务。2018 年，中东迪拜和非洲喀土穆数据中心入选国资委"中央企业境外共享数据中心"。

2013 年，参考国内 B 级机房的标准，结合迪拜当地法规要求，建设完成了中国央企第一个在海外的最大数据中心，共占地 221 平方米，机房容纳机柜数量 55 个。

2017年2月，完成了中国石油非洲喀土穆数据中心的建设。该数据中心机房位于尼罗河公司，面积约为106平方米、共计22个机柜，机房按照中国石油Q/SY 1336—2018B级标准设计，参照国际TIA-942标准进行建设。针对非洲苏丹当地较为炎热的气候环境，该机房冷却系统设计为水冷和风冷互备的模式运行，采用封闭冷通道技术，提高了制冷效率，达到了节能降耗的目的。

3. 联合公司数据中心及机房情况

联合公司信息化发展水平不均衡，其中比较大的项目公司基本都建立了比较完善的机房及基础设施管理体系，并通过自身与外部协作，形成了比较完善的基础设施运维管控能力；部分小型项目受当地资源限制，基础设施建设有待提升，例如巴西、莫桑比克等。

应用系统主要通过硬件服务器提供负载，部分公司基础设施薄弱，硬件设备老旧；服务器大多部署在所属联合公司本地机房，资源利用率不均衡；当需要提升性能时，主要依赖手工实现服务及资源的开通及供给，客户无法通过自助门户实现服务申请，没有能力纳管全部基础资源，无统一服务目录，不具备集中的监控及管理能力，仅对重要信息进行备份及恢复。

下面，以土库曼斯坦阿姆河项目公司和乍得炼厂为例介绍相关基础设施建设情况。

1）土库曼斯坦阿姆河项目公司

阿姆河项目公司的数据中心和机房有自建和租用两种方式。

自建数据中心机房包括土库曼斯坦首都阿什哈巴德和巴格德雷合同区A区，此外自建了5个区域机房，包括土库曼斯坦巴格德雷合同区第一处理厂、第二处理厂、第三处理厂、3号营地、4号营地；还有共享机房若干，包括各集气站、集气总站与生产系统共用机房。土库曼斯坦机房根据现场实际情况建设，包括供电、制冷、UPS、机柜、地面、防尘、静电保护等，现有资源基本占满，没有过多的冗余。土库曼斯坦现场风沙大、天气炎热（夏季高达50摄氏度以上）；当地社会依托差，故障配件都要从国内采购，具备一定的扩容能力，机房级别无法和国内相比。

租用数据中心位于北京昌平数据中心，包括 2 个机柜、19 台虚拟机和 11.9 太字节存储资源，主要部署了 ERP 和数字气田系统，采用云化方式部署。

运维方面，建立了专职的基础设施运维队伍，在公司层面也建立了基本的运维管理制度和标准。

2）乍得炼厂

乍得炼厂目前有 3 个自建机房，包括生活区机房、办公楼机房和厂区机房，总面积 188 平方米，可容纳机柜 25 个。乍得炼厂组建了专门的基础设施运维队伍，并建立了完善的运维管理制度和标准。

办公楼机房，属于 T2 级机房，空间面积 71 平方米；供电系统总功率在 14 千瓦；空调系统总功率在 1.5 千瓦；可容纳机柜数 12 个。有硬件服务器 23 台，规格为汇聚层到核心层 10GE 转发、核心层到接入层 GE（Gigabit Ethernet，即千兆以太网）转发。

生活区机房，属于 T2 级机房，空间面积 67 平方米；供电系统总功率在 10 千瓦；空调系统总功率在 5 千瓦；可容纳机柜数 6 个。有 1 台硬件服务器；无存储设备；7 台网络设备，规格为汇聚层到核心层 10GE 转发、核心层到接入层 GE 转发。

厂区机房，属于 T2 级机房，空间面积 50 平方米，可容纳机柜数 7 个；有 4 台硬件服务器，4 台网络设备，规格为 GE 转发 /MB 转发，采用的是传统部署方式。

四　网络情况

目前中油国际国内网络已覆盖北京地区的车公庄、六铺炕、昆仑大厦和青年湖四个办公区。海外地区公司、项目公司的局域网络采用多种链路方式通过中国石油海外广域网接入中国石油内网。

1. 广域网

目前，中油国际下属公司海外网络的接入依托于中国石油海外广域网骨干网络，以 5 个海外区域中心（采用双设备、双链路上联的高效冗余模式）、8 个汇聚点形成树形架构。海外地区及项目公司接入后，按中国石油安全域项目组的相关政策和要求，由各接入单位进行访问域权限控制。

随着中油国际海外油气业务的发展，海外网络上承载的业务种类、数据量也在不断增加，广域网骨干链路优化已经迫在眉睫。

中油国际海外地区公司和项目公司通过专线（国际专线 IPLC / 以太网专线 IEPL/ 虚拟转网 MPLS-VPN）、卫星、VPN 等多种接入方式就近接入中国石油内网，实现互联互通。

2. 局域网

中油国际的网络类型主要分为办公网和生产专网，通过基础网络对业务进行支撑（图 2-1-2）。办公网以日常电子办公为主，实现邮件、OA、视频会议、IP 电话、ERP 等应用支持。生产专网区别于办公网，主要是将控制系统通过物理隔离的方式与办公网分开，使用专用软件、硬件和通信协议进行生产作业。通过安全设备与办公网互联，并采用安全控制手段对作业区的生产系统进行监视和控制，保证业务正常运行。

随着业务规模扩大和数字化转型，现有基础网络无法满足业务应用的快速发展，导致用户实际体验性较差。

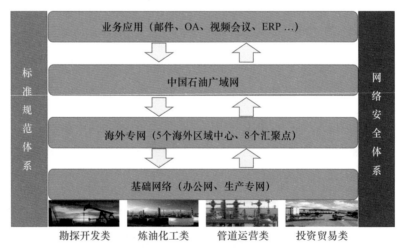

● 图 2-1-2　网络支持业务情况

五　IT 服务情况

本部已基本完成 IT 服务过程和能力体系、IT 服务管理规范体系、IT 服务实施组织结构、IT 服务管理数据架构、IT 服务管理及监控平台和 IT 服务的信息化运维服务体系的建设。完成了两级多地 IT 服务体系规划设计，可为中油国际本部、海外地区和项目公司提供服务支撑平台、规范流程支撑和三线服务组织架构的服务。但仍存在以下不足：

（1）各地区和项目公司运维技术水平参差不齐，缺少远程统一的运维体系。此外，由于运维工具技术覆盖不全、归属分散，未能形成统一平台，导致跨运维工具、跨运维组织时故障定位、修复困难，IT 服务供给过程烦琐，IT 服务标准不统一，IT 服务质量不可控等问题。

（2）由于业务服务、资源服务等未有效延伸到联合公司，缺乏全球统一部署，导致本部的技术服务、流程规范缺乏有效的输出载体，缺少服务需求方与服务供给方的有效连通桥梁。

（3）随着设备运行年限的提升，网络中的各种运维隐患逐渐增多，缺乏高效、主动的问题解决机制。

（4）IT 资产管理也有待加强，如资产归属、使用、生命周期管理、库存管理、维保到期管理等。

第二节　经营管理信息系统

中油国际业务覆盖投资项目过程管理、生产经营计划管理、财务核算管理、销售业务管理、采办业务管理、设备管理等。按照业务组织与分工，中油国际本部业务侧重的企业核心管理功能主要包括研究制订油气业务发展战略、编制方案、提升战略管控机制、优化业务经营管理模式、拓展优质项目以及业绩考核绩效管理等；生产管理职能方面主要包括技术支持、组织协调、管理监督等。

地区公司重点负责所属项目公司海外油气业务以及责任区域所属中国石油其他海外作业单位的综合协调管理等工作。其所辖经营管理业务主要涉及所在地区公司机关管理及各项目的实体经营管理，包括公司财务、人事、采购、资产等管理活动。

联合公司业务范围包括投资、生产运营、运营管理等，围绕油气价值链开展油气勘探、油气开发、地面工程、生产作业、油气运输、炼油化工、投资贸易等业务。

中方项目公司业务范围涉及生产作业、生产管理、经营管理等，侧重于参与联合项目的具体生产运营工作，负责上报生产运营计划并监督协调项目运营中遇到的各项管理事宜。

经营管理业务从项目全生命周期管理的角度出发，通过战略规划、管理控制、运营执行的不同阶段，对海外投资项目管理、财务管理、物资采购、生产管理、销售管理、资产管理、设备管理、人力资源管理和企业风险管理业务进行体系化综合控制（图2-2-1）。

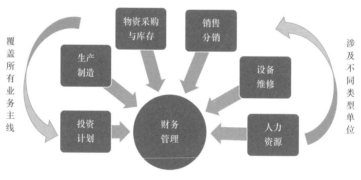

● 图2-2-1　经营管理业务图

中油国际在勘探、开发、工程、管道、炼化等主要业务领域范围内，开展投资计划、生产制造、物资采购与库存、销售分销、财务管理等多样经营管理业务，形成了满足海外油气运营的完整经营管理体系。

一　ERP 系统

中油国际本部、地区公司、项目公司已实施 ERP 单位，通过建立以 ERP 系统功能为核心，集成各经营管理业务线流程，达到数据共享，并整合其他信息系统的专业公司内的统一集成平台，有效地优化企业业务运营和监控，提升管理水平，实现一体化业务管控和一体化供应链管理，推进业务垂直管理及决策分析，并以企业门户的方式实现界面集成、灵活访问。

二　中方公司 ERP 系统

中方公司搭建了统一的 ERP 应用集成系统架构，ERP 建设管理也逐步从分散建设向统一部署迈进。

三　联合公司 ERP 系统

大部分联合公司本地化部署的 ERP 系统为 SAP 公司产品，但版本较旧，部分联合公司仅将 ERP 系统用于财务管理。

为推进海外联合公司 ERP 系统在本部的统一部署，逐步实现统一部署和统一运维，制定了标准的推广实施模板，完成了土库曼斯坦阿姆河、秘鲁 PERU、秘鲁 SAPET、尼日尔上游等项目 ERP 系统在本部（北京）的首先运行。此外，除尼日尔津德尔炼厂、乍得上游公司之外，其他联合公司自建 ERP 系统使用情况各不相同，包括 ERP 实施的功能模块、服务器部署方案、软件版本及运维管理等。

四　人力资源共享服务平台

人力资源共享服务平台（HRSSC）实现了人力资源业务流程线下工作线上

化，纸质公文电子化。达到即时响应、流程服务、快速办理、用户满意的目标，同时也实现了移动办公。

五　协同办公系统

中油国际已经构建了协同办公系统（OA），满足了本部机关各部门的日常办公需要，打通了本部与海外地区公司、项目公司及技术支持机构的办公通道，在业务流程上实现了无缝对接，实现了跨部门、跨地域的协同工作，对规范业务运行、加快审批效率发挥了积极作用。

六　HSSE 平台

本部建设了健康安全与环保 HSSE（Health，Safety，Security & Environment Protection）平台和海外社会安全信息网络平台。HSSE 平台整合了 HSSE 信息系统（2.0 版）海外子系统、健康管理平台和体系审核平台等多个应用，实现了业务数据高效收集、关键指标动态监控，在本部及全部海外项目推广应用。

第三节　勘探开发信息管理系统

中油国际业务广泛分布于全球各地，在全球 32 个国家拥有勘探项目和勘探区块。勘探开发的核心业务是石油、天然气资源的勘探和对已探明石油、天然气资源的开发与生产，最大程度动用现有储量，实现科学有效地开发，提高单井产量，降本增效，持续稳定地增加油气储量，实现油气产量的目标。

海外勘探开发业务主要涉及石油、天然气的勘探与开发，项目数量在海外总项目数量中的占比超过 80%，多采用与资源国政府或石油公司签订矿费税收制合同或产品分成合同的形式开展油气合作。所面对的海外油气业务分布范围广、业务环节多、专业程度高、资产结构复杂，不同国家和地区对油气资源的政策法规和管理方式各不相同，各项目公司合同模式和作业模式各不相同，不同生产区块的油气类型和管理模式各不相同。较之国内油田，海外的信息化建设在统一标准、统一数据库、统一应用平台等方面有着更多的需求和挑战。

一　总体情况

中油国际坚持"业务主导"的方针，经过多年的信息化建设和持续的技术积累，建成了海外勘探开发信息管理系统（EPIMS）、海外油气生产经营辅助决策系统（BI）、海外数据上报平台（DCP），搭建了覆盖海外生产项目的一体化生产运营管理平台，初步满足了海外生产管理的需求，推动了前后方自下而上的生产、管理、研究、决策的数据共享应用，形成了生产分析决策的闭环管理。特别是海外勘探开发领域原有的诸多问题得到了有效解决，这些问题包括：各专业分散管理，没有高效手段来进行跨专业的统一管理和生产决策；本部不能及时高效地对各地区公司、项目公司及现场情况进行管控；各项目公司对口多个上级部门，数据要求不统一，生产动态靠手工录入及整理，并用邮件、电话等形式上报，效率低，成本高；数据资产分散在各单位或个人保管，数据流失较严重，缺少信息共享和应用的手段；各单位数据标准不统一，存在多语言、多量纲问题；建立了一些独立的信息系统，形成"信息孤岛"等诸多问题。

二　海外勘探开发信息管理系统建设

下面以海外勘探开发信息管理系统为例，介绍勘探开发管理业务的信息化建设成果及应用成效。

1. 系统建设情况

海外勘探开发信息管理系统（EPIMS）建设充分借鉴了国内统建项目建设经验和成果，结合海外信息化基础状况和业务特点，发挥"后发"优势，采用"统一设计、集中建设、集成应用"模式，坚持业务主导，将信息技术与业务深度融合，使勘探、开发、生产、地面、炼化业务信息高度集成，充分体现了"两化融合"的优势，改变了现场、管理、决策等各层级人员的工作理念，达到了数据规范化、办公网络化、工作快捷化、信息共享化的目的，推进了企业数字化转型，提高了企业整体运营水平。在系统建设过程中，采用先进的理念和信息技术，实现统一模型管理、统一技术平台、统一云化部署，保证了系统的可靠性和先进性。

EPIMS 作为中国石油海外上游业务专业化管理统一平台，其建设目标是提高管理效率和协同管理水平，满足油气生产业务需求，为中油国际实现油气上游业务发展战略提供技术支撑。业务范围涵盖了中油国际的主营生产业务，包括油气勘探、油气开发、生产作业、地面工程、管道炼化及研究等业务（图 2-3-1）。

油气勘探管理	油田开发管理	生产作业管理	地面工程管理	管道炼化管理	油气勘探研究	油藏地质研究	油藏工程研究
矿权管理	开发规划计划	钻前	规划管理	工程建设管理	地层对比	小层对比	油藏基本特征
规划计划	开发方案	钻井	前期管理	原油管输量管理	构造研究	微构造解释	经济技术界限
勘探动态	生产运行	完井	建设管理	天然气管输量管理	沉积研究	沉积微相	油藏数值模拟
方案部署	提高采收率	试油	运行动态	原油进厂量	油气系统研究	储层评价	开发现状分析
部门工作动态		采油	数据平台	原油加工量	区带评价	油藏特征	开发预测分析
		采气	部门文档		目标评价	储量计算	三次采油设计
		交井			勘探部署与井位论证	地质建模	动态监测
		注入			动态跟踪与钻后评价	井位部署	
		修井			储量计算		
		增产措施			规划与计划研究		

● 图 2-3-1　EPIMS 覆盖的业务范围

EPIMS 应用的组织范围以中油国际本部勘探部、油气开发部、生产作业部、工程建设部，以及中亚公司、PKKR 项目公司、哈法亚项目公司、阿姆河项目公司和技术支持机构作为系统建设单位；其他海外油气业务单位及技术支持机构作为数据采集和系统授权使用单位（如图 2-3-2 所示，其中红色框内的是重点实施单位，其他为授权单位），覆盖勘探开发相关业务部门、43 家生产类项目公司和 10 家技术支持机构。

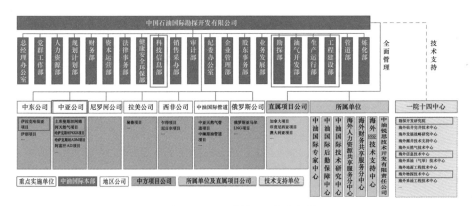

● 图 2-3-2　中油国际组织机构

数据专业类别覆盖物探、钻井、录井、测井、试油、地质油藏、油气生产、采油工艺、井下作业、动态监测、分析化验、地面工程等，从数据性质上划分为动态数据、静态数据、成果数据及管理数据。EPIMS 数据范围详见表 2-3-1。

表 2-3-1　EPIMS 数据范围

序号	专业	动态数据	静态数据	成果数据	管理数据
1	物探	二维、三维地震采集日 / 周 / 月报	物探工区数据、地震原始数据	地震资料处理结果、构造解释	勘探规划、计划、部署方案等数据
2	钻井	钻井日 / 周 / 月 / 年动态数据、钻井计划完成数据	钻井设计	钻井总结报告	钻井计划、井位部署、钻井完井报告、试油报告、工程设计报告、工程验收报告等数据
3	录井		岩屑录井、气测数据、综合录井	录井完井总结、综合录井图	
4	测井		单井测井曲线数据	测井综合图、测井解释报告	
5	试油	试油周 / 月 / 年数据	试油设计、试油测量数据、流体分析数据	试油总结、试油成果数据	
6	地质油藏		区域地质数据、单井地质数据、储量数据	油气田开发中长期规划方案、油田开发（调整）方案、地质模型	评价报告等数据

序号	专业	动态数据	静态数据	成果数据	管理数据
7	油气生产	油气生产计划数据、井/区块/项目公司日/周/月/年生产数据、措施生产数据	单井基础数据、区块基础数据	开发指标数据	开发规划、计划、开发方案
8	采油工艺	单井生产参数、井维护数据	井口数据、井筒数据、机采参数数据	工程方案、采油气工艺指标	
9	井下作业	措施计划数据、措施进度数据		措施指标、措施效果	
10	动态检测	动态监测计划数据、施工进度数据		生产监测成果数据、生产测井成果数据	
11	分析化验	油气水分析数据、产油剖面数据		岩心分析数据、高压物性数据	
12	地面工程	地面建设计划、动态，油气集输与处理动态数据、地面设备运行动态数据	工程规划方案、可行性研究方案、工程设计	地面工程验收数据、站库工艺流程图纸、科研报告	规划、计划、设计、项目管理报告、验收文档等数据
13	管道炼化	原油管输量周/月数据、天然气管输量周/月数据、炼化周/月数据	管道工程建设项目数据、炼化工程建设项目数据		管道炼化周/月汇总

针对海外油气业务范围广、数据格式不统一、多语言、多量纲等特点，EPIMS 的技术架构定位于保障项目建设过程的标准化管控、软件开发的架构统一、现有系统的应用集成及统一的安全控制。依托于勘探开发一体化基础技术平台产品 EPAI®，整个 EPIMS 技术平台设计包含 6 大部分：数据持久化、数据服务、集成服务、业务服务、平台服务、交互服务，每个部分都由核心组件和扩展支持组件构成，并确定了组件技术标准、组件关系规范以及扩展规范、接口标准，为后续产品功能扩展和新技术的运用打下了良好的基础，如图 2-3-3 所示。

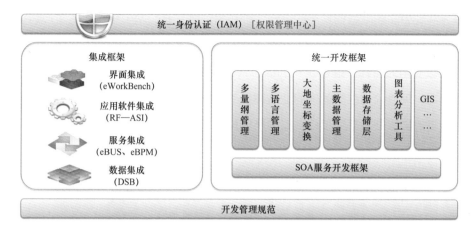

图 2-3-3　EPIMS 技术方案

EPAI® 是一款 ED—SOA 类软件技术平台，由原北京中油瑞飞信息技术有限责任公司研发。其中文全称为"勘探开发一体化基础技术平台"，是实现 EPIMS 建设的重要支撑技术。EPAI® 采用事件驱动式的面向服务的软件架构体系技术，为大规模开发提供开发与运行环境，以缩短项目开发周期，提高系统开放性和稳定性，包括基础框架、技术规范和可重用组件、中间件等。EPAI® 利用大量的重用和抽象，降低开发和维护的成本，提高开发效率和产品的质量，支持灵活的组件化集成、项目的标准化管控、数据标准化、一体化管理。

2. 系统应用情况

立足于海外油气业务实际应用需求，在 4 年多的系统建设时间里，项目组多次赴海外现场进行调研，共收集需求 300 多项，归纳为 5 大类、120 多个勘探开发相关业务和数据流程，完成了需求分析 362 大项，制定了符合海外项目公司业务特点的实施方案，建成海外勘探开发信息管理系统（EPIMS），扩展整合了炼油与化工运行系统（MES），搭建起"一个中心、两个平台、一个环境"的海外勘探开发一体化运行环境（图 2-3-4）。一个中心即海外勘探开发数据资产管理中心，实现以数据资产管理为理念，以数据采集和上报体系建立为保障，以数据管理平台为工具,实现中油国际数据资产的统一管理和跨地域共享;两个平台包括生产运行管理平台、研究与决策支持平台,实现了以中油国际本部、地区公司、项目公司不同业务层级应用为目标,搭建统一的信息管理及应用平台,全面满足中油国际本部、地区公司、项目公司生产管理的业务需要的目标,同时通过统一的数据推送服务更高效地支撑勘探开发研究工作;以生产管理指标的形象化综合展示和三维可视化数字盆地技术为支撑,建立面向管理决策的支持平台,使决策更精准、更高效。

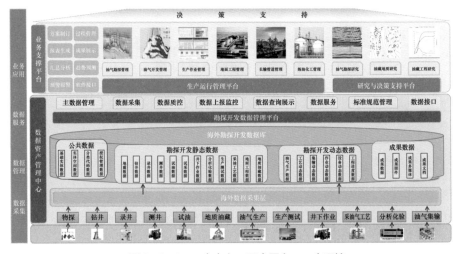

● 图2-3-4 一个中心、两个平台、一个环境

整个系统的建设分为数据采集、数据管理、数据服务和业务应用4层,数据采集层提供统一的主数据和标准规范,针对数据源头(例如项目公司、生产现场等)提供数据采集界面、数据采集工具等功能,经过录入、导入、转储、解析、整理、标准化、质量控制、审核、加载等采集入库,解决海外数据采集难度大、数据分散广的问题;数据管理层主要提供数据统一存储、数据分类管理功能,实现元数据管理、数据字典管理、数据备份与恢复管理、数据维护管理、用户权限管理,满足海外项目公司、地区公司、本部不同层次的数据需求;数据服务层提供数据查询、数据展示、数据下载、项目数据服务、定制业务数据服务、数据统计分析、数据接口管理等业务需求的数据支持;业务应用层对油气勘探、油气开发、生产作业、地面工程、炼油化工等业务提供统计分析与预测,并提供研究工具和专业软件接口,为

油气勘探研究 、油藏地质研究、油藏工程研究提供数据、工具和接口支持，实现数据一键推送，缩短研究数据准备时间，提高工作效率，保证研究成果及时入库。

通过 EPIMS 建设，搭建了勘探开发数据管理、生产运行、协同研究三大应用平台，实现了海外上游业务"统一数据库、统一技术平台、共享应用"，油气业务"生产、管理、研究、决策"的闭环高效运行，以及海外勘探开发生产数据集中管理和业务一体化运行管理。入口分为桌面应用和移动应用两种应用方式，传统的桌面应用适用于办公环境，移动端应用提供综合指标展示、生产预警、知识查询等系统功能，使生产跟踪不受空间、时间的限制，提供全天候的办公支持，在任何地方都能轻松方便地跟踪生产动态、处理生产问题。

（1）数据管理平台：主要是实现业务数据入库的流程化、规范化管理，通过质量扫描、数据监控等功能，确保数据的及时性、准确性和完整性，主要包括主数据维护、数据资产维护、数据查询、数据标准规范、配置管理等模块。

（2）生产运行平台：包括油气勘探管理、油气开发管理、生产作业管理、地面工程管理 4 个子系统。

① 油气勘探管理子系统：实现了对物探、钻井、试油等勘探数据以及方案部署、矿权管理、规划计划的采集和管理，主要包括勘探动态、方案部署、矿权管理、规划计划、综合查询、数据维护等功能。

② 油气开发管理子系统：实现了对开发规划计划数据、周 / 月产量等数据的采集和管理，为油田生产运行跟踪、生产分析、措施作业等业务提供依据，主要包括开发规划计划、生产分析、开发管理、部门工作、生产动态分析、数据维护等功能。

③ 生产作业管理子系统：实现了对本部 / 项目公司的生产计划和作业动态的管理与维护，并提供指标分析、完成情况统计、效果对比等功能，主要包括钻井、试油、采油、采气、注水、修井、增产措施、数据管理等功能。

④ 地面工程管理子系统：实现了对工程建设项目全生命周期的过程管理，实现用户对工程项目、管道项目的管理和掌控，主要包含规划管理、前期管理、建设管理、运行动态、管道数据管理等功能。

（3）协同研究平台：实现对海外试点区块数字化管理、图形化分析，支持油气勘探、油藏地质、油藏工程等业务研究与决策，主要包括油气勘探研究、油藏地质研究、生产动态分析、油藏工程研究、综合查询展示、知识库、成果管理等。

EPIMS 的移动端应用，通过中油国际移动办公 iLink 统一入口访问，为海外管理人员以及业务人员提供全天候生产经营动态展示支持，解决了因出差、探亲不在岗而不能随时随地掌握生产综合动态信息的问题，满足系统应用便捷性、问题处理及时性、信息交互多样性的需求。实现了勘探开发、油气生产、钻井作业、采油作业、地面工程建设等综合指标展示、实时更新，提高了管理的效率和及时性，从而达到支持生产指挥决策、提高生产运行管理效率的目的。

3. 主要应用成效

海外勘探开发信息管理系统（EPIMS）的成功建设实施，提升了海外信息化管理水平，推进了海外数字油田建设和海外生产管理的数字化转型，取得了"两大创新"和"三大亮点"。两大创新：首次建设了中油国际面向海外五大区域的统一数据库系统，实现了勘探开发等各业务数据的统一管理；首次采用统一平台技术，实现了对海外业务的集成应用建设、业务协同建设。三大亮点：一是全面实现了勘探、开发、生产、地面集输等生产管理功能，实现了对生产动态的全面掌握和业务分析；二是系统建设与业务紧密结合，充分考虑并全面实现了业务需求和管控流程；三是促进了业务管理模式的提升和向数字化管理转型。在项目建设和深化应用过程中形成一系列成果和应用成效。

（1）首次建立海外勘探开发一体化数据模型，填补了中国石油海外油气业务数据模型空白。

中国石油海外勘探开发数据模型（EPDM V1.0 海外版）是 EPIMS 建设中形成的勘探开发一体化数据标准。针对海外数据范围广、数据格式不统一、多语言、多量纲等特点，以中国石油勘探开发数据模型（EPDM）为基础，扩展海外特色业务，建立满足和适应海外多语言、多量纲、多坐标投影等复杂业务环境的海外 EPDM 及相关规范（范春凤等，2017），构建了统一、规范、完整的数据模

型标准，为建设 EPIMS 奠定了坚实基础，填补了海外上游业务数据模型的空白
（图 2-3-5）。

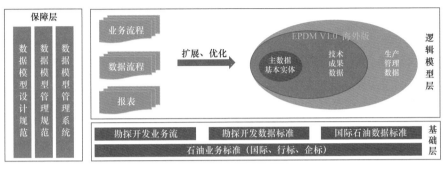

● 图 2-3-5　海外 EPDM 模型架构

中国石油海外勘探开发数据模型遵循相关石油行业企业标准，基于业务建模，
采用面向对象的设计方法，历经业务需求分析、数据需求分析、概念模型、逻辑模
型及物理模型设计等工作环节，开展模型的分析和研究工作。

海外勘探开发数据模型由基本实体、技术成果数据和生产管理数据三部分组
成。基本实体是所有业务活动开展的核心，包括项目、组织机构两大管理实体和地
质单元、工区、站库、井、井筒、设备、管线七大技术实体。技术成果数据业务范
围包括物探、钻井、录井、测井、试油试采、井下作业、样品实验、综合地质专
业。生产管理数据业务范围包括油气生产、生产测试、增产措施、采油工程、地面
工程、油气集输专业。海外勘探开发数据模型以 9 个基本实体（又称为"主数据"）
为核心，向外派生 14 个专业实体，进而衍生各专业业务活动和具体属性。首次采
用了主数据、技术数据、生产数据多元数据管理架构体系，涵盖 14 类业务、805
张表、20917 个字段。主要效果包括：

① 建立满足海外油气业务的勘探开发一体化数据及信息标准，结束了海外没
有统一数据模型的历史。

② 全面支持海外油气业务的全生命周期管理，实现了对海外勘探开发数据的
统一、集中管理，有效支撑了项目公司特色业务，建立了满足项目公司本地政策的
数据管理规范。

③ 全面满足和适应了海外多语言、多量纲、多坐标投影等复杂业务环境。

④ 在海外油气业务中首次采用了主数据、技术数据、生产数据多元数据管理架构体系，支持本部、地区公司、项目公司、作业区多层级信息采集、管理与应用。

⑤ 支持客户化定制与扩展，已逐步推进在联合公司（外方）的应用。

（2）首次建立海外勘探开发一体化管理平台，实现了上游业务闭环管理。

通过统一技术平台建设，取代中油国际本部以往各专业部室分散建设的海外勘探生产支持系统、生产动态数据库系统、钻井作业动态信息管理系统、海外采油动态信息管理系统、拉美生产动态库系统、生产经营周报月报协同编制与生产系统 6 个信息系统，实现勘探、开发、生产、地面、管道、炼化等业务在统一平台上工作，形成海外全业务链闭环管理，有效支撑了海外油气业务的全生命周期管理（图 2-3-6）。通过 EPIMS 的建设及应用，建立统一的数据采集规范，实现统一的数据管理，支撑对生产运行的高效管理和勘探开发研究的科学决策，而管理和研究产生的过程和成果数据，又可以进一步扩充数据的范围，为深入分析应用形成良性循环。

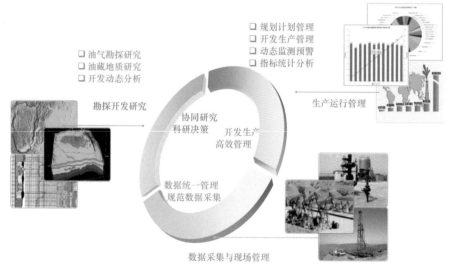

图 2-3-6 海外油气业务一体化生产运行体系

（3）首次建立海外勘探开发统一数据库，实现了海外核心数据资产全覆盖。

搭建海外统一勘探开发数据资产中心，实现了海外勘探开发数据的集中、安全存储，就像建房子，遵循统一的数据标准和数据规范，实现油气勘探、油气开发、生产作业、地面工程等核心业务的数据资产的集中存储与安全管理（图2-3-7），目前已经完成海外项目历史数据和新数据的收集、整理及入库工作，包括自1993年开始至今的全部生产类项目，实现海外数据资产的统一管理和跨地域共享，以及勘探开发类数据的100%覆盖，有效地保护了海外区块宝贵的数据资产。

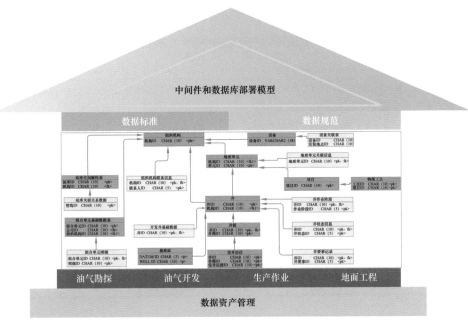

● 图2-3-7　勘探开发一体化数据管理体系

（4）首次建立海外统一生产运行管理应用环境，有效支撑了海外生产运行决策。

通过平台的建设和应用，实现了相关部门的生产情况监督、业务分析、协同研究等工作。在中油国际，生产经营周、月报由9个业务部室共同完成，涉及的环节多、部门多、信息多，而且时效性要求高，每周的线下编制、审核工作存在周期长、流转困难等问题，需要相关业务部门的人员在周末加班加点完成。通过对业务范围、数据、流程的梳理，研发了一体化生产经营管理协同平台，实现周报发起、周报编制、周报初审、周报汇总、周报查询等功能，使用 EPIMS 的生产数据自动生成周报，各业务部室只需要完成本部门内容的确认，大幅减轻员工的工作压力，提高了中油国际生产经营周报的生成效率和准确率，更好地为公司生产、科研、管理服务。原来 9 个业务部室加班加点共同完成的任务，现在只需系统自动抽取一键生成即可完成，大大提高工作效率，降低了企业运营成本。2017 年起，为海外每周召开的生产经营协调会提供数据支持（图 2-3-8），生产经营协调会是中油国际领导层每周召开的重要会议，会议囊括了中油国际管理的各个方面，与生产相关的勘探动态、原油生产、天然气生产、钻井试油、地面工程、炼油化工等数据都是从 EPIMS 一键抽取，解决了以往数据一变手忙脚乱的状况，有效支撑了勘探部、生产运行部等部门生产运行管理与业务协同，保障了管理的时效性、决策的及时性。

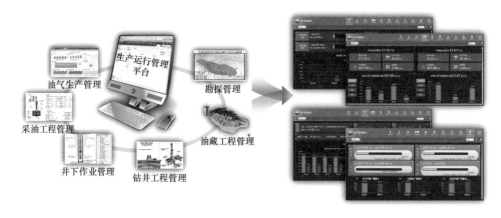

● 图 2-3-8 "一键式"数据抽取

（5）提供专业应用接口和数据服务，支持了协同研究。

EPIMS 在勘探开发研究院海外一路及海外物探技术中心、海外钻井完井技术中心、海外信息技术中心等 9 家技术支持中心运行使用，协助专家进行勘探开发研究工作，提供主流专业软件接口，实现与专业软件的数据推送功能，由原来线下收集整理变为一键发送，大幅缩短了研究数据准备时间，减少了低效重复工作（图 2-3-9）；通过对油气资源评价、油气资产评价、油气勘探研究、生产动态分析、油藏工程研究、研究成果管理、油藏地质研究、决策支持等研究业务的支持，实现从数据准备，到专业研究，再到成果归档与审核，有效提高成果共享应用的复用，改变了原有数据和成果保存在个人手中的工作方式，解决了数据共享困难的问题。

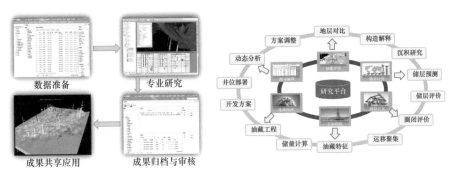

● 图 2-3-9　EPIMS 对研究与决策的支持

在系统实施前，技术支持单位的研究工作先要从多方收集数据开始，周期长、效率低，并且成果散落在个人手里，不利于协同办公和成果继承。通过系统的实施，解决了研究单位收集数据的问题和困难，例如 2019 年，有技术支持单位做钻井工程设计，通过 EPIMS 找到所需的 2010 年至 2013 年期间加拿大的钻井日报，为油气勘探研究、油藏地质研究、油藏工程研究及生产动态分析提供了有力支撑，满足技术支持单位的研究需要，实现研究成果继承共享，提高成果复用价值。

（6）创新多级数据采集、汇总、上报、分析工作流程，推动了数字化油气田建设。

通过 EPIMS 建设，有效解决了数据分散、查询困难和人工处理、多头报送的问题，项目公司、地区公司、中油国际本部和技术支持单位在同一个平台收集、管理、共享、应用数据，推进数据 / 信息链路的畅通、资源共享和高效协作（图 2-3-10）。EPIMS 的成功实施改变了应用单位海外现场数据的存储模式，由原先从纸质资料、个人硬盘、共享盘等分散的数据源和用户分别手动整理数据的方式，转变为在统一平台存储、授权使用。原来文件存储在个人电脑或者内网服务器，项目公司上报中油国际本部的数据需要与多个业务部室对接，在多个部门收集、分发，版本不好控制。通过与现场生产数据库对接以及导入功能的开发，保证了生产数据及时、准确、快速入库，每天现场人员录入的工作时间由原来的 5 小时缩短为 1.5 小时。并且提供数据自动汇总功能，保证周 / 月报表及时、准确生成和一键式导出，满足研究及管理人员使用需求，周 / 月 / 年报每次制作时间由原来的 1～3 天缩短为 0.5～1 小时，节约 70% 的数据整理时间。系统提供的全文检索功能，能够依靠关键词进行内容搜索，也极大方便了数据共享应用。通过系统的应用，前后方、上下级转变为在同一平台共享、实时、查询、获取数据，大幅缩短数据获取时间，提高了工作效率及数据安全性，统一了数据源头，保证了数据及时性、准确性、唯一性。

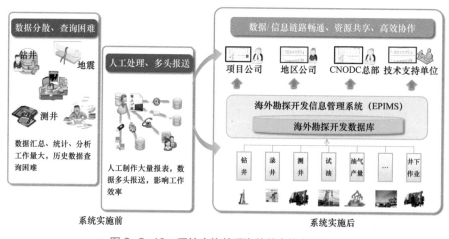

● 图 2-3-10　系统实施前后海外数字信息链路对比

通过系统建设，打通了应用单位前后方数据通道，实现海外项目公司、地区公司、海外勘探开发分公司本部和技术支持单位之间的数据共享。在以前，项目公司给技术支持单位做研究的大块数据，需要依靠海外人员轮换"人工"带回国内，数据安全风险高且不利于数据共享。2020 年上半年，受疫情影响，国内外断航，导致海外项目公司人员无法正常轮换，海外的阿布扎比项目首先提出了利用 EPIMS 为国内技术支持单位共享大数据体资料的需求，同时巴西、阿曼、加拿大、尼罗河、苏丹等其他项目也先后提出同样的需求，为了保障海外生产的正常开展，通过调整 EPIMS 部署方案、扩充存储容量、改进传输策略等技术手段，为海外现场人员和国内技术支持单位的数据传输建立了高效、稳定的数据传输通道，为六大区后勤保障中心档案室资料归档、科技信息归档共享提供了保障，及时解决了项目公司资料归档和共享的难题。通过信息技术的广泛应用，实现了对海外项目生产情况进行及时跟踪管理，全面支撑上游业务的全生命周期管理，提高数据重复利用率，提升了生产管理质量与效率，进一步加强了对生产一线的过程管控。

第四节 数字油气田示范工程建设

中油国际海外数字油气田示范工程作为项目公司级的数字化基础工程，为项目公司数字转型升级和智能化发展奠定了良好基础。下面以土库曼斯坦阿姆河数字气田和乍得 H 区块数字油田建设为例，对这两个典型的示范工程进行介绍。

一 阿姆河数字气田示范工程建设

1. 阿姆河项目公司业务与数字化建设概况

2007 年 7 月，中国、土库曼斯坦两国政府在北京签署了土库曼斯坦阿姆河右岸"巴格德雷"合同区域产品分成合同和中土天然气购销协议。阿姆河项目是中亚管道主供气源地，截至 2020 年，累计向国内供气已超 1000 亿立方米，为国内冬季保供发挥着重要作用。目前 A、B 两个合同区块的勘探工作已经结束，全部转入开发期，共保留开发区面积 8687 平方千米。在该区块所开展的业务涵盖了勘探开发、天然气处理、硫黄及凝析油销售等上、中、下游业务。

2010 年 5 月，阿姆河右岸中区天然气开发示范工程被确定为国家科技重大专项，其目的是通过对阿姆河右岸天然气勘探开发一体化技术进行研究，形成符合阿姆河右岸天然气项目特点的高效开发配套技术，并为有效解决海外天然气开发中普遍存在的技术及管理问题起到一定的示范作用。

为了解决阿姆河右岸中区天然气勘探开发所面临的自然环境恶劣、交通与通信设施较差、中方人员数量受限、当地员工技术水平参差不齐等客观问题，通过采用先进的信息化技术和手段，建设了阿姆河智能气田系统，实现了气田开发建设和运营的管控一体化，以及远程指挥、统一调度、协同作业和辅助决策的数字化与可视化，以适应国外项目对建设和运行管理的需求（图2-4-1）。项目从2011年4月启动，2014年完成主体研发，2015年2月验收。

● 图2-4-1　阿姆河数字气田信息化现状

各应用主要功能如下：

（1）设备设施管理系统（EAM）包括资产管理和检维修工单两个核心模块，涵盖入库、发放、出库、回库、检修、报废等全流程管理。

（2）二三维一体化平台是基于地理信息系统（GIS）构建的地下可视化场景，用于工作人员掌握一线的状况，辅助决策者制订生产计划等。

（3）生产视频监控基于二三维一体化平台对整个作业区工业视频监控系统进行整合，并与视频会议系统进行集成，实现快速访问、统一监控。

（4）勘探开发生产管理系统可实现物探、钻录井、测井试气、油气生产等业务的数据采集和管理，为地面地下一体化三维平台和辅助决策系统提供数据支撑。

（5）自控集成系统集成SCADA系统实时生产数据，以图形化、可视化的方式在办公网中进行展示，为阿姆河数字气田其他应用子系统提供历史实时数据。

（6）生产综合系统是对气田缓蚀剂加注、化验室项目、生产报表、生产培训的统一维护管理。

（7）应急决策系统是对风险源、应急资源进行统一管理，以提高企业应急抢险能力。

（8）腐蚀检测系统主要是对管道和设备的腐蚀状态进行实时监控，为生产检修提供准确可靠的数据参考。

（9）生产运行辅助决策系统从勘探开发、天然气生产、产能建设等各个专业中提取汇总数据，通过图形直观地展示整体业务开展情况和生产运行情况。

在基础设施方面还进行了办公网、生产网和数据中心的建设。

（1）办公网建设。阿姆河项目公司利用中亚管道及西气东输二线管道的光缆建成了跨越土库曼斯坦、乌兹别克斯坦、哈萨克斯坦、中国4个国家的高速网络连接，保障了中国石油驻土库曼斯坦12家单位统一接入中国石油内网。通过共享网络电话、视频会议、邮件、即时通信等信息技术服务工具，满足了甲乙方单位上万名用户的通信需求。优质、便捷、价廉的企业网络，为甲乙方各单位利用全球资源高效开展项目运作提供了一条信息高速公路。

（2）生产网建设。租赁与自建光缆相结合，实现了从阿什哈巴德至法拉普155兆字节链路、A区至B区1吉字节地面链路、A区至B区32兆字节微波链路，从而打通了从阿什哈巴德至气田现场的网络链接。共建卫星地面站3座、微波站3座、光缆549.7千米，配备各类交换机、防火墙、路由器等网络设备282台，形成了卫星＋光缆＋微波三种链路，为公司基础通信、生产经营管理信息系统提供了安全、稳定、高可用性的基础网络。

（3）数据中心建设。建设海外区域网络中心，共26组机柜，虚拟服务器137台，物理服务器61台。

2. 数字气田建设方案

结合国内外数字气田建设经验，并针对阿姆河项目公司具体业务，提出了"整体规划、分步实施、业务驱动、突出重点、务求实效"的建设原则（图2-4-2），确定了"一个中心、两个体系、三大工程"的数字气田总体框架，并围绕总体框架进行详细的技术方案设计。

通过阿姆河数字气田建设，制订数字气田总体框架及支撑体系（图2-4-3），形成符合阿姆河右岸天然气项目特点的高效开发配套技术，并对海外天然气开发中普遍存在的技术及管理问题的有效解决起到一定的示范作用。

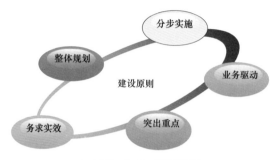

● 图 2-4-2 建设原则

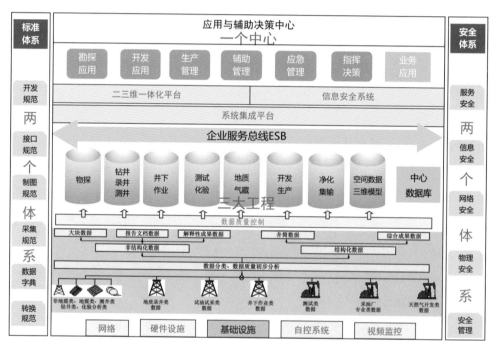

● 图 2-4-3 阿姆河气田建设方案总体架构图

阿姆河数字气田需要建设"一个中心、两个体系、三大工程",一个中心为应用与辅助决策中心,两大体系为标准体系和安全体系,三大工程为基础设施建设、数据资源建设、应用系统建设。

基础设施建设主要是对阿姆河气田网络、硬件设施、自控系统、视频监控系统等进行建设;数据资源建设包含动静态数据库建设、自控系统实时数据库建设、设备设施数据库建设;应用系统建设主要包含勘探开发信息管理系统、设备设施管理系统、二三维一体化平台等的建设。

标准体系制定了开发规范、各类接口规范、数据采集规范、制图规范、数据字典和转换规范等；安全体系制定了服务安全、信息安全、网络安全、物理安全和安全管理等各项标准。

应用及辅助决策中心实现了从生产到安全的油田各类应用的统一管理。

阿姆河数字气田还将着重实现以下两个目标：

（1）开展阿姆河数字气田总体框架研究，建立勘探开发数据模型，形成地面地下一体化三维数字化平台和辅助决策系统技术方案。

（2）将研究成果应用于阿姆河萨曼杰佩气田勘探开发建设中，构建地面地下一体化三维场景，建成勘探开发分布式数据库管理系统、设备设施维护管理系统、腐蚀监测系统、勘探开发生产管理系统、管控一体化系统、应急决策系统，实现优化运营和辅助决策。

3. 智能技术应用

在阿姆河数字气田建设中，采用了一体化数据库、二三维一体化技术，实现了自控系统和视频监控系统的集成应用。

1）勘探开发动静态一体化数据库

根据数字气田一体化建设的数据需要，结合阿姆河公司勘探开发业务发展，对动态静态数据库系统进行了扩充和集成，建成了动静态一体化数据库。系统涉及物探、钻井、录井、测井、试油、油气生产等 14 类业务，实现了对勘探开发数据的源点采集、集中存储、科学管理、高效应用。如图 2-4-4 所示，通过勘探开发动静态一体化数据库的成果图件管理，可在线查看构造图等图件。

2）二三维一体化平台

基于萨曼杰佩气田，构建地面地下三维场景，实现整个气田的周边环境、设备设施、气藏、气井等的总体展示。同时，通过与动静态数据库系统的数据共享，与设备设施管理系统、腐蚀监测系统、应急系统、自控系统等业务系统集成，实现了阿姆河数字气田二三维一体化、地面地上一体化以及统一认证、统一操作、统一数据模型、统一维护的目标（图 2-4-5、图 2-4-6）。

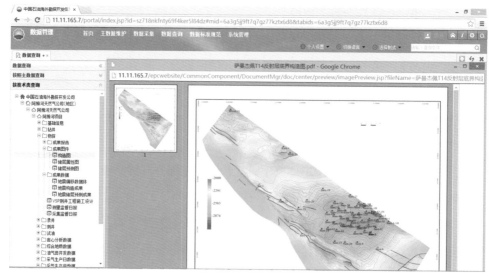

● 图 2-4-4 勘探开发动静态一体化数据库

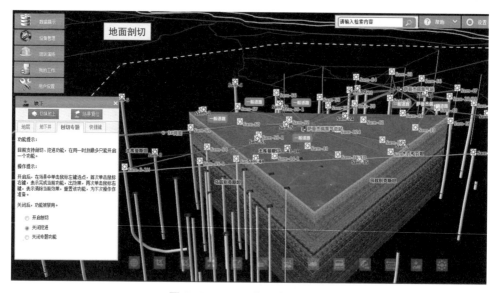

● 图 2-4-5 二三维一体化场景展示

3）自控集成系统

自控集成系统实现了从 SCADA、DCS 等控制系统的数据采集和集成，生成生产记录原始数据表。使用 OPC Server 发布的实时数据，经过授权的用户可以

● 图 2-4-6 二三维一体化平台设备模型

直接在办公网络中查看现场实时生产情况、设备运行参数及历史曲线图，从而为其他系统提供数据服务。图 2-4-7 为自控集成系统的展示页面。

4）视频监控集成系统

视频监控集成系统实现了对现场办公区与生产区工业摄像头的连接，以及对现场画面的实时调取。同时，系统还部署了移动、防爆、高清视频终端，生产现场与异地专家可以进行实时视频互动，为设备紧急抢维修、抢险指挥等作业搭建了远程技术支持平台。图 2-4-8 为在二三维一体化平台中调取现场设备的实时画面。

OPC 是面向过程控制的对象链接与嵌入［Object Linking and Embedding（OLE）for Process Control］的简称。

4. 数字气田建设成果

通过阿姆河数字气田的建设，建成了数字气田的一体化数据模型、地上地下一体化三维场景，实现了数据资源共享与应用。

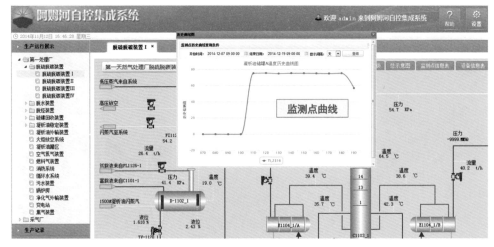

● 图2-4-7 自控集成系统

● 图2-4-8 视频监控集成系统

1）数字气田数据模型

基于 EPDM 的思想，结合阿姆河公司自身业务特点，构建了涵盖勘探开发全专业的阿姆河数字气田数据模型体系（图2-4-9），建立了地上、地下数据的关联关系，约定了各专业数据逻辑结构和规范值，保证了数据存储和管理统一，实现了一次录入、信息共享、数据一致的目标。

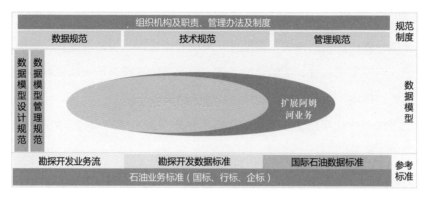

● 图 2-4-9　阿姆河数字气田 EPDM 模型

2）数据资源共享及应用

通过勘探开发动静态一体化数据库的应用，实现了勘探开发动静态数据、成果数据的集中存储和统一管理，确保了数据一致性；同时，通过对用户、角色、组织机构等权限统一管控，数据读写与访问的安全性得到了充分保障。系统根据用户权限提供便捷、多维度的查询应用，用户可按需进行报表及图形曲线的查询，同时提供全文检索功能，可根据关键字迅速检索相关信息，快速定位到所需内容（图 2-4-10）。

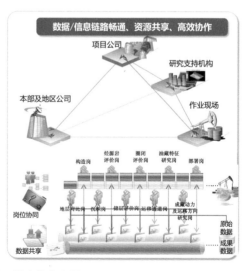

● 图 2-4-10　数字共享应用

左侧图借鉴了长庆数据共享图

3）地上、地下一体化三维场景

二三维一体化场景的构建，将勘探开发动静态数据、设备设施管理系统、腐蚀检测系统、自控集成系统、视频监控系统、应急决策系统进行一体化融合，实现了整个气田周边环境、设备设施、气藏、井等综合展示。

在二三维一体化平台上，可直观地展示生产总况、生产趋势、生产日数据等，如图 2-4-11 所示。

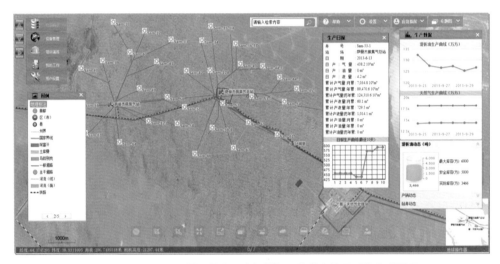

● 图 2-4-11　二三维一体化平台与勘探开发信息管理系统集成展示

在二三维一体化平台上，可新建设备工单、审批工单流程，查看设备位置数、设备统计信息等，如图 2-4-12 所示。

在二三维一体化平台上，通过专题图形式展示应急资源、风险源的分布情况，通过集成应急辅助指挥功能，实现风险源快速定位、应急资源搜索以及相关资料的查询，如图 2-4-13 所示。

在二三维一体化平台上，可以直观展示腐蚀监测点分布情况及详细信息等，如图 2-4-14 所示。

在二三维一体化平台上，工艺培训时，可以借助三维工艺流程动画，并与二维工艺流程图进行对照查看设备实时运行参数，大大提高了培训效率，如图 2-4-15 所示。

图 2-4-12 二三维一体化平台与设备设施系统集成

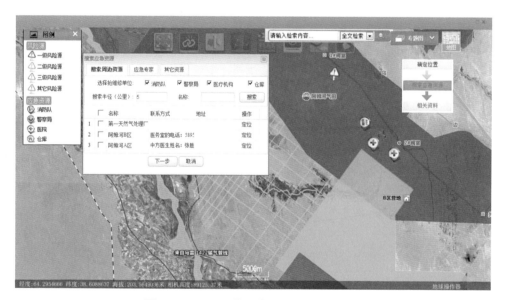

图 2-4-13 二三维一体化平台与应急系统集成

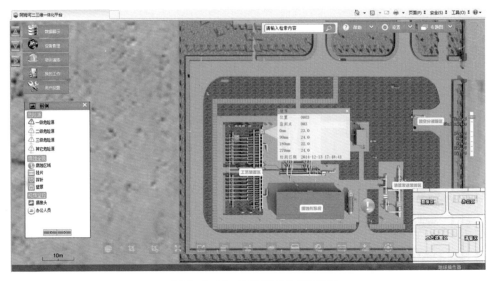

● 图 2-4-14　腐蚀监测点分布情况

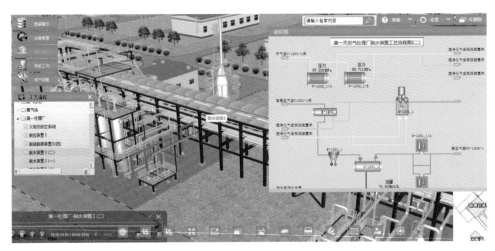

● 图 2-4-15　二三维一体化平台与自控系统集成

二　乍得数字油田示范工程建设

1. 乍得项目公司业务与数字化建设概况

乍得是非洲中部的一个内陆国家，首都及最大城市为恩贾梅纳。北部的沙漠地区，属热带沙漠气候；中部干旱的萨赫勒地区，属热带草原气候；南部较肥沃的苏丹草原地区，属热带雨林气候。乍得有超过 200 个民族，法语和阿拉伯语是官方语言，伊斯兰教是信奉人数最多的宗教。乍得是一个经济落后的农牧业国家，也是世界最不发达国家之一。乍得石油勘探开发始于 20 世纪 70 年代，乍得石油合作项目是中国石油"做强非洲"战略的重要组成部分。目前中油国际（乍得）公司已发展成为乍得最大的石油生产商，是乍得唯一的上下游一体化、全产业链的国际石油公司。

乍得数字油田建设的乍得 H 区块是中国石油在非洲除苏丹之外一个重要的集上游（含管道）和下游炼厂一体化项目，有望建成非洲地区新的千万吨级油气生产基地，并成为连接中国石油尼日尔项目、打通西非油气走廊的桥梁，对中国在非洲能源业务发展有重要意义。

乍得项目公司为了适应"十三五"产能发展的需要，提出了数字油田建设规划。中油国际将乍得数字油田建设作为示范工程，力求为未来中油国际数字油田建设提供范本。

通过数字油田建设能够提升乍得油田生产自动化水平与安全管控能力，优化生产管理流程，降低生产成本，提高生产效率，全面支撑油田的勘探开发、生产管理和辅助决策业务工作的开展，最终实现提高 ROI 和 NPV，缩短投资回收期的目标。

乍得数字油田建设之初，已经有了一定的基础设施、信息化系统和数据库基础。

基础设施方面，在"十三五"前期，完成了卫星链路升级、油田主干光缆、硬件虚拟化

小　贴　士

ROI 指投资回报率，英文为 Return on Investment。ROI=（税前年利润／投资总额）×100%，是指企业从一项投资性商业活动的投资中得到的经济回报，是衡量一个企业盈利状况所使用的比率，也是衡量一个企业经营效果和效率的一项综合性指标。

NPV 指资产净现值，英文为 Net Present Value。NPV 是在项目计算期内，按行业基准折现率或其他设定的折现率计算的各年净现金流量现值的代数和。净现值法是按净现值大小来评价方案优劣的一种方法。净现值大于零则方案可行，且净现值越大，方案越优，投资效益越好。

平台、邮件系统升级、机房环境升级改造、服务器存储一体化、前后线主干链路、网络优化与信息安全、云视频会议系统、eSpace 电话系统、软件正版化、桌面标准化（一体化运维）、灾备系统等一系列信息技术基础设施建设。

信息化系统方面，在 2016 年搭建了综合信息系统平台，实施了 ERP 系统推广应用、联合公司办公自动化系统（OA）、生产动态管理系统、采油厂 SCADA 系统、管道 SCADA 系统的建设并集成到综合信息系统平台。随着公司业务发展和管理工作需要，陆续推进和完成中方公司 OA 系统建设、西非公司企业门户建设、生产动态库系统升级改造、合同管理系统建设、产品分成提油模型系统建设、人事管理系统建设、后勤管理系统建设、档案管理系统（E6）推广应用等一系列信息化建设任务。

数据库方面，已建成数据库包括生产动态数据库、OA 系统数据库、勘探开发（E&P）静态数据库、SCADA 实时数据库等。2019 年建设了基于持续数据保护技术的灾备系统，实现了项目公司核心数据（ERP 数据、生产管理数据、邮件等）在北京、恩贾梅纳和 Ronier 前线三地的数据异地备份及云备份。

"十三五"期间，乍得油田在基础设施、数据管理、生产监控及软件应用系统建设等方面取得了较大成就，为乍得上游项目公司的稳产、上产奠定了坚实的基础。但快速上产给油田数字化井场、场站的数字化采集、自动化控制带来了更多的挑战，对生产业务信息的互联互通、共享复用的需求增多，现有系统、技术等信息化能力服务于更多领域愈显吃力，需要基于目前现状及需求，以油气田业务和信息化技术融合为手段，建成乍得数字油田系统，基于统一平台和数据库实现全面实时监控和生产运行优化，保障生产安全，提高油气产量。

针对乍得项目公司面临的问题和挑战，乍得项目公司决定进行数字化转型改造，进而提升乍得油田生产自动化和信息化水平，提高生产运行效率和 HSSE 管控水平，优化油田生产管理。数字油田建设工程项目于 2018 年底启动，建设内容包括数字化、网络化、流程化、业务应用四个方面，涉及油田各类基本生产单元和生产过程的数字化、业务分析与管理流程化的建设，不同类型通信网络的建设，以及面向不同生产和管理单元业务应用的建设。

2. 数字油田建设目标

结合乍得项目公司业务现状，制定了数字油田建设目标、范围和建设原则，进行科学规划、有序建设。

总体目标是通过油气工业技术与先进信息技术深度融合，实现对油田生产过程的实时监测与预警、自动控制与生产优化，提升乍得油田生产自动化水平与安全管控能力，优化生产管理流程，降低生产成本，提高生产效率。通过乍得数字油田建设，进一步规范海外数字油田建设标准体系，完善海外数字油田产品系列，为未来海外数字油田推广提供标准依据和产品支撑。

乍得项目公司数字油田建设从现场生产操作、生产管理、研究决策等方面要达到以下具体目标。

（1）在现有井场自动化设备基础上，参考国内外标准，根据乍得实际业务需求进行补充建设。实现关键参数的自动采集传输，对关键设备实现远程控制，实现单井自动化设备提升、数据集中监控及报警、站场监控系统整合及工控系统安全提升。

（2）与已有自控系统对接，建立满足乍得项目公司的生产动态管理系统，基于GIS实现油水井、区块等生产动态可视化展示、油水井工况诊断及产量监测等。

（3）建立辅助决策分析流程，包括问题井快速识别、措施效果辅助决策和效果评价等。

为保障乍得数字油田建设目标的实现，需要遵循从生产到作业再到勘探开发的业务模式，从地面设施可视化到地下虚拟现实的建设思路，规划各任务阶段，主要的建设原则包括以下方面。

（1）坚持总体规划、标准化、模块化的原则：整个油田信息化建设统一规划，各项建设内容遵循共同的规范、标准和体系，服务本着先规划后实施的原则，按计划分阶段逐步进行数字油田建设工作，达到一次投资、长期受益的目标。

（2）坚持继承与集成的原则：充分利用已有的信息化建设基础，采用补充、提升、集成、优化的策略，充分利用现有基础，避免重复建设。

（3）遵循急用优先、突出重点、业务驱动的原则：把握重点工程和重点应用，关注核心业务，坚持实用为主、急用先建的原则。

（4）坚持学习借鉴、务求实效的原则：借鉴阿姆河数字气田、中油国际加拿大智慧油田等设计及建设经验，做好乍得数字化油田规划设计，打造海外数字油田示范工程。

（5）遵循投资效益最大化的原则：根据项目公司的实际情况而进行科学规划、有序建设。

乍得数字油田建设范围涉及油田各类设施和生产环节的数字化、不同类型的通信网络建设、业务分析管理流程化建设，以及针对各个部门不同用户日常工作的业务应用建设。建设重点主要是围绕油气生产，基于业务目标与特点建设一个集油田生产、科研、管理和决策于一体的综合基础信息平台，实现油气田生产的数据自动采集控制与生产运行分析，进行生产管理与辅助决策。乍得数字油田建设内容如图 2-4-16 所示。

● 图 2-4-16　乍得数字油田建设内容

3. 数字油田建设方案

对乍得数字油田建设进行统一规划，各项建设内容遵循共同的规范、标准、体系，服务本着先规划后实施的原则，按计划分阶段逐步进行数字油田建设工作。充分利用已有的信息化建设基础，采用补充、提升、集成、优化的策略，借鉴已有数字油田建设经验，充分结合乍得油田业务现状进行乍得数字化油田系统架构设计。乍得数字油田总体架构分为四个层次，分别为感知层、传输层、数据层和应用层，总体架构由数字油田标准规范体系和安全体系提供保障，乍得数字油田系统架构如图 2-4-17 所示。

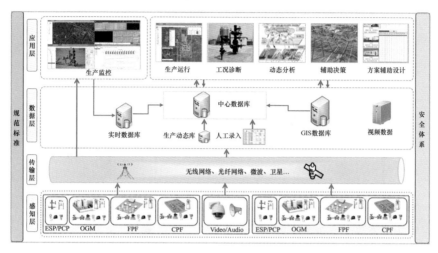

● 图 2-4-17　乍得数字油田系统架构

1）感知层

感知层是数字油田建设的基础及数据来源，主要是通过单井及场站配置的传感器、仪表、摄像头等自动化设备进行相关数据和视频自动采集。单井主要包括电泵井及螺杆泵井，采集的参数包括油压、套压、回压、转速、频率、油温、井下压力和温度、电参数及状态并实现远程停井与调参；电泵井数据采集监控图如图 2-4-18 所示；场站主要是进行视频及大屏建设，实现场站设备的视频监控及展示。

2）传输层

传输层主要依托油田目前的数据传输网络，单井仪表到 RTU 采用无线 ZigBee（地面压力、温度）、RS485（电参数及控制）、电力载波（井下压力、温度）等传输信号，RTU 到 OGM 通过无线传输方式，OGM 以上采用光纤传输方式。在网络传输时充分考虑数据传输安全及网络的相互备份应急方案。乍得数字油田系统网络架构如图 2-4-19 所示。

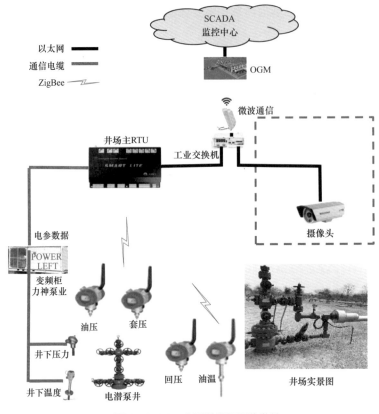

图 2-4-18　电泵井数据采集监控

RTU 是远程终端单元（Remote Terminal Unit）的简称，是一种针对通信距离较长和工业现场环境恶劣而设计的具有模块化结构的、特殊的计算机测控单元。

ZigBee 也称紫蜂，是一种低速短距离传输的无线网上协议，底层是采用 IEEE 802.15.4 标准规范的媒体访问层与物理层。主要特色有低速、低耗电、低成本、支持大量网上节点、支持多种网上拓扑、低复杂度、快速、可靠、安全。

RS485 是一个定义平衡数字多点系统中的驱动器和接收器电气特性的标准，该标准由电信行业协会和电子工业联盟定义。使用该标准的数字通信网络能在远距离条件下以及电子噪声大的环境下有效传输信号。RS485 使得连接本地网络以及多支路通信链路的配置成为可能。

OGM 是计量站（Oil Gathering Manifold）的简称，主要是测试分离器管汇等。

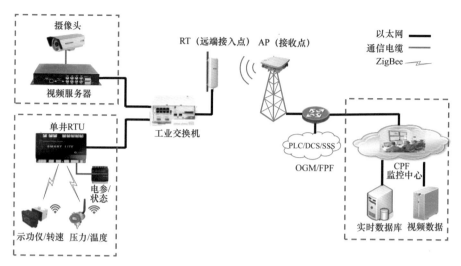

● 图 2-4-19 乍得数字油田系统网络架构

3）数据层

数据层包含生产网数据管理、生产网到办公网数据交换、办公网数据管理以及这三方面数据对应的服务接口。乍得数字油田的数据架构基于 ISA-95 标准（全称"企业与控制系统集成标准"），数据层建设包含数据标准建设、数据库建设、数据资源建设，并采用海外 EPDM 数据模型标准，集成乍得油田已有数据成果，构建公共数据、实时数据、动静态数据于一体的中心数据库，支撑数字油田应用。数据架构图如图 2-4-20 所示。

4）应用层

数字油田系统是实体油田与用户互动的窗口。建设内容涵盖了生产运行、工况诊断、动态分析、巡井管理、辅助决策、方案设计 6 大应用系统（图 2-4-21），实现了业务流程化、工作协同化、全方位掌握、分析油田各环节生产、运行状况。

4. 数字油田建设成果

依据乍得油田生产现状，围绕生产运行管理，建成了数字油田系统。通过数字化建设，提升了乍得油田基础设施水平，实现了油田地面设备的数字化、网络化，生产业务的流程化，并可进行多数据源的数据整合及共享，更好地支撑和服务于乍得油田的生产及管理业务的开展。建设成果主要包括以下几方面。

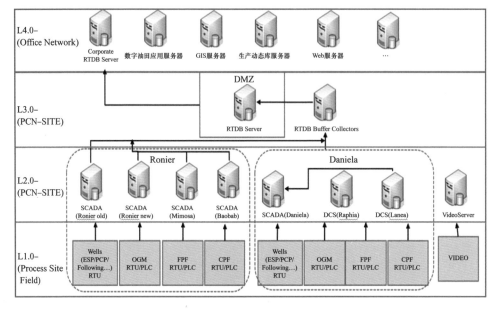

● 图 2-4-20　乍得数字油田系统数据架构

● 图 2-4-21　乍得数字油田系统主要功能

1）生产监控

乍得数字油田基础设施建设主要完成了单井自控升级、服务器与网络、大屏与场站 CCTV 的建设，通过在井场和站库关键设备上安装或升级数据自动采集、监控装置及自动化控制设备，实时采集各项生产数据和工业视频信号，通过网络将这些数据、信号传输到中央控制室进行集中管控，并可对集输管网、OGM、CPF、FPF 及单井的压力、流量等数据进行超限报警，及时发现生产过程中的问题及安全隐患，还可以结合视频监控进行实时画面监控，实时了解生产现场情况。为生产、指挥、决策提供支持，达到生产操作自动化、生产运行可视化、管理决策系统化的目的，如图 2-4-22 所示。

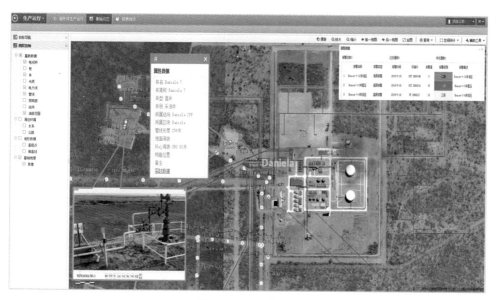

● 图 2-4-22　生产监控

CCTV 是闭路电视监控系统（Closed Circuit Television）的简称，是安防领域中的重要组成部分，也是所有安全系统中最关键的子系统。系统通过遥控摄像机及其辅助设备（镜头、云台等），直接观察被监视场所的情况，同时可以对被监视场所的情况进行同步录像。另外，电视监控系统还可以与防盗报警系统等其他安全技术防范体系联动运行，使用户安全防范能力得到整体提高。CPF 是中央处理站或联合站（Central Processing Facility）的简称。FPF 是接转站或转油站（Field Production Facility）的简称。OGM 是计量站（Oil Gathering Manifold）的简称。

2）生产运行

生产运行包括油水井生产运行、集输动态及报表统计等功能，可使用户了解项目公司及各油田日度产量及实时报警信息，实现油田指标的查看及产量跟踪，并可集成已有系统报表，进行灵活报表配置。集输动态主要利用 GIS 可视化技术，加载油田矿权范围内的影像和地面设施及人文数据，实现地面设施的查询、展示、定位。同时接入油田井场及场站视频数据、油井生产数据及报警信息，实现油田地面设施的可视化管理与应用，辅助地面设施设计、施工与检维修，为井位部署及安全应急提供数据及技术支持，如图 2-4-23 所示。

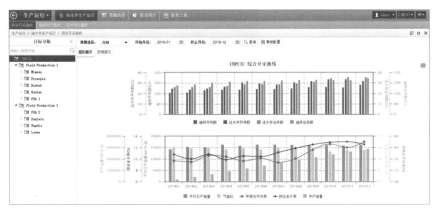

● 图 2-4-23　生产运行

3）工况诊断

工况诊断包括工况分析、工况报警、样本管理、参数配置等功能，主要可根据当前的实际生产数据，综合应用各种方法对电泵井、螺杆泵井、注水井及抽油机井生产状况作出分析、诊断，发现油水井生产的本质问题，并对生产故障井作出报警提示；通过及时采取措施，为油井安全稳定生产提供可靠的保障；提高设备运行稳定性，延长检泵周期，降低人为经验因素的影响，提高设备运行效率，如图 2-4-24 所示。

4）动态分析

动态分析包括综合曲线、开发指标、产量分级、生产对比、产量构成、相关性分析、水驱分析、递减分析等功能，主要依据生产动态数据，利用不同展示方式跟踪分析油田及区块的油水井产量、含水等生产指标变化，及时了解生产状况，灵活、快速地从不同的维度实现数据潜在信息的深入挖掘，提高对油田生产特征的认识程度，揭示生产变化规律，提高油田动态分析水平，从而为合理制订开发方案及产能规划设计提供依据，如图 2-4-25 所示。

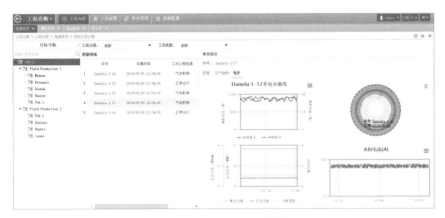

● 图 2-4-24　工况诊断

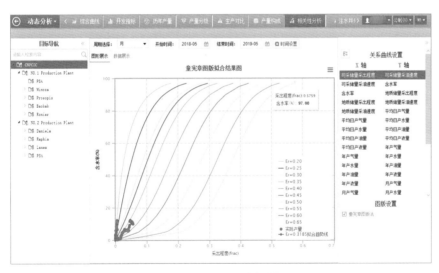

● 图 2-4-25　动态分析

5）巡井管理

巡井管理包括 Web 客户端及移动端巡井管理功能，Web 客户端主要维护、下发日常巡检任务，根据巡检人员日常巡检质量和异常事件进行统计分析，查看和处理巡检过程中上报的异常事件，并根据巡检过程中的数据对每个巡检工和任务进行考核并生成图表，同时回放巡检轨迹；移动端巡井主要通过 APP 下载当天巡检任务，根据任务要求在指定巡检点刷卡签到并上报异常事件。通过巡井管理可减轻管理人员工作强度，提高巡检质量，提升巡检效率，实现巡检业务数字化、标准化、流程化、精细化管理，如图 2-4-26 所示。

● 图 2-4-26　巡井管理

6）辅助决策

辅助决策包括数据管理、措施前分析、措施后分析、注水井分析及新井分析等功能，主要对油井措施类数据进行统一管理维护，快速计算油井措施增油量，并可进行措施经济评价，对措施收益进行敏感性分析和收益分析，计算净现值、内部收益率、投资回收期、投入产出比、措施最低经济增油量、风险系数值等，评估油井措施可行性，为油水井措施作业提供技术及经济方面的辅助决策，如图 2-4-27 所示。

7）方案设计

方案设计包括地质设计、方案查询、设计配置等功能，主要利用油田的动静态数据资源实现油气水井措施方案在线辅助设计，方案模板包括完井地质设计、径向钻井、修井等。改变了之前手工录入的方式，通过统一方案设计模板，规范方案设计流程，实现方案文档共享，方便查询与下载，减轻方案设计劳动强度，提高方案设计效率，实现了方案设计流程化、规范化、标准化，如图 2-4-28 所示。

综上所述，乍得油田通过数字油田建设实现了对各类设施和生产环节的数字化，建成了全面覆盖油田的通信网络，完成了业务分析、管理的流程化建设以及基于不同用户角色的业务应用建设。将生产基本单元、采油厂、恩贾梅纳基地、中油国际本部和不同岗位的人员连接起来，成为一个互联互动的整体，为智能化油田建设奠定了良好基础，数字油田建设成果如图 2-4-29 所示。

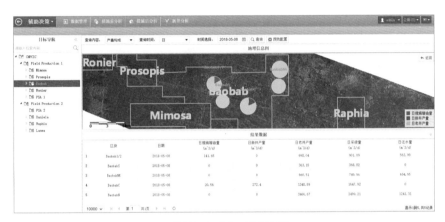

● 图 2-4-27　辅助决策

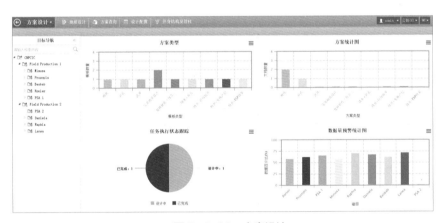

● 图 2-4-28　方案设计

5. 数字油田应用效果

乍得油田自动化升级及数字化建设提升了油田生产自动化管控水平，提高了油田生产业务分析效率，全面推动了油田生产开发、生产管理和辅助决策业务工作的开展，为建设综合型能源公司提供了有力的信息技术支撑。具体主要表现在以下几方面。

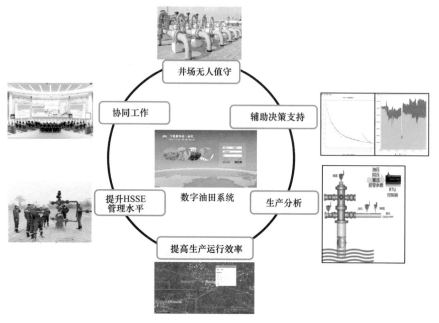

● 图 2-4-29 数字油田建设成果

（1）建成实时监控的高效处置平台：通过自动化实时数据采集分析结合现场视频，实现了对油田生产过程的实时监测与控制，建成实时监控的高效处置平台，提升了乍得油田生产自动化水平与安全管控能力，为生产现场无人值守、少人值守提供了数字化支撑，如图 2-4-30 所示。

（2）建成一体化数据共享平台：基于 ISA-95 标准，搭建了实时数据、空间数据、企业资源计划数据、工程数据、勘探开发动静态数据一体化数据共享平台，建立了不同数据的关联，为业务人员多维度准确分析提供了数据基础，如图 2-4-31 所示。

ISA-95 标准简称 S95，国外也有称作 SP95。ISA-95 标准是企业系统与控制系统集成国际标准，由仪表、系统和自动化协会（ISA）于 1995 年投票通过。而 95 代表的是 ISA 的第 95 个标准项目。

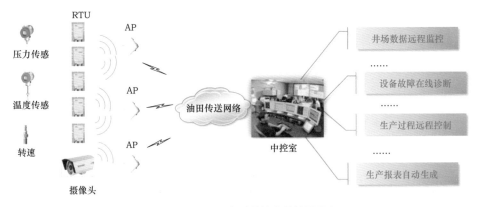

● 图 2-4-30　实时监控高效处置平台

● 图 2-4-31　一体化数据共享平台

（3）建成生产分析与辅助决策平台：通过生产运行、动态分析、方案设计、辅助决策系统将以往线下手工处理的工作移到信息化平台，极大地提高了工作效率，并打通了项目公司与 EPIMS 之间的数据自动上报通道，为其他项目公司自动上报数据提供了样板案例，如图 2-4-32 所示。

（4）油水井工况实时诊断、流量实时监测：基于数字油田数据基础，实现了电泵井、螺杆泵井、抽油机井及注水井实时工况诊断，并对生产故障及时报警，提高设备运行稳定性，延长检泵周期，为油井安全稳定生产提供可靠的保障。同时实现了电泵井、螺杆泵井、抽油机井的虚拟计量，为单井动态分析提供了实时数据保障，如图 2-4-33 所示。

● 图 2-4-32　生产分析与辅助决策平台

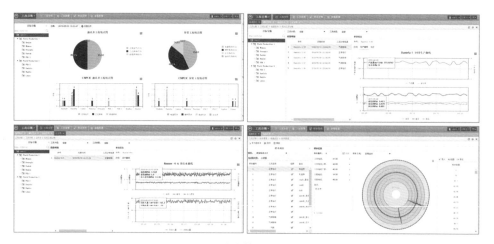

● 图 2-4-33　油水井工况诊断、流量监测

（5）巡井工作数字化，提升巡井质量和效率：巡井工作可追溯、可跟踪，数据现场采集，一键上传。现场巡检工作量化管理，提高了巡检质量、降低了管理人员劳动强度，数据上报由以前 2 小时缩短到几秒钟，减轻了管理人员工作压力，如图 2-4-34 所示。

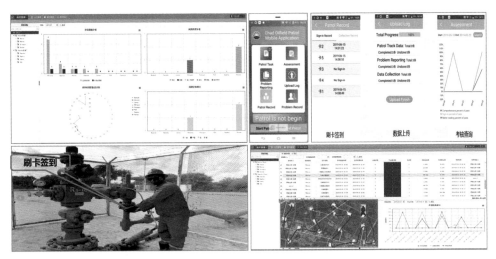

● 图 2-4-34　数字化巡井

数字化带来的变化：乍得是一个常年高温高湿且沙尘比较严重的地区，当地安全形势也不容乐观。现场巡井以当地雇员为主。为给巡井人员提供便利的数据采集方式、减少巡井人员工作量，设计推出了巡井管理模块，能够提高现场巡井质量和巡井效率。自 2019 年底逐渐在各采油厂推广，起初当地雇员认为该功能是对他们工作的监控，由此产生抵触心理。随着实施人员现场耐心的讲解及各个功能快捷便利的操作，节约了他们的工作量，当地雇员逐渐认识到系统给他们的工作带来便利性，已经对巡井模块产生严重依赖并提出增加更多的巡井管理功能需求。通过几个月的现场实施，用户对系统给予高度评价。乍得数字油田应用系统在油田安全生产中发挥了举足轻重的作用，现场生产管理人员在办公室利用视频监控模块实现油井生产的远程监控与管理，改变了传统的生产管理模式，给油田安全生产带来便利。

海外数字油田标准体系初步建成。通过乍得数字油田项目的实施，形成了海外项目管理和数字油田建设方面的标准规范。未来需要进一步探索数字油田在勘探、开发、储运销售和企业管理等全部生产及经营管理流程方面的建设理念与方法，以现有数字油田建设经验为基础，加强信息技术与油田业务的融合，完善数据资产管理体制，逐步形成数字油田建设标准，进一步提升数字油田建设水平，乍得数字油田全景如图 2-4-35 所示。

● 图 2-4-35　乍得数字油田全景

疫情下的坚持：随着乍得疫情的日益严峻，本该归国的项目组人员不得不滞留在乍得。国内人员出不去，国外人员回不来，项目还得继续，工作还得进行。已经连续出国数月的项目组人员一边克服着归心似箭的情绪，一边克服着酷暑炎热的自然气候，每天早上 7 点按时出发现场，晚上 6 点回归营地。这样两点一线的日子整整持续了 10 个月。从最开始每天挖沟敷设线缆，到后期的井口设备调试，每一样工作都按时交付。在现场也会遇见各种各样的见闻，例如在一次井场开挖的时候，突然听到当地雇员发出一声尖叫，大伙急忙过去一看，是挖出了一窝蛇。当地对保护野生动物非常重视，现场经常可以看到狼、蛇、猴子、鹿等野生动物，这也为枯燥的国外经历增添了一抹亮色。在国外时间越来越长，疫情愈来愈严重，不知道从什么时候开始，项目组人员之间谈论的见闻趣事慢慢变成了"我们什么时候能回国""疫情什么时候能结束"。即使大家情绪浮动越来越大，但对待现场工作依然一丝不苟，保质保量地完成了阶段性的工作，没有辜负我们作为"中国石油人"的身份。

第三章
数字化转型顶层设计

在"十二五""十三五"的信息化与数字化建设过程中，中油国际油气业务整体运营与管控能力得到了持续加强，在生产操作、生产管理、协同研究、经营管理、综合管理与共享决策等方面具备了初步的数字化、网络化、协同化、可视化能力，为后续的数字化转型、智能化发展奠定了较好的基础。

本章重点介绍中油国际数字化转型目标蓝图、数字化转型总体架构、数字化转型途径与技术路线、数字化转型价值评价体系、梦想云应用方案、现有系统升级改造方案和尼日尔项目公司数字化转型建设方案。

第一节　数字化转型目标蓝图

2018 年，中国石油勘探开发梦想云的发布，给中油国际数字化转型带来了新的发展理念和技术手段，为落地国家数字化转型发展战略、中国石油数字化转型智能化发展工作部署提供了借鉴，并明确了"一个整体、两个层次"和"业务主导、价值引领、技术驱动、统筹推进"的总体原则。基于梦想云已建成的强大的中台（包括数据中台、技术中台和业务中台）和前台能力，中油国际于 2019 年进一步组织完善与优化了适应海外油气业务可持续、健康发展的目标蓝图，围绕油气田、管道、炼厂、工程等核心业务及其生产操作主线开展了数字化转型、智能化建设顶层设计，编制完成了数字化转型、智能化发展试点方案，为"十四五"数字化转型、智能化发展奠定了基础，为实现海外油气业务提质、降本、增效、控险目标和提升中油国际核心竞争力提出了数字化解决方案。其总体指导思想如图 3-1-1 所示。

● 图 3-1-1　数字化转型指导思想

一　总体目标

围绕中油国际"坚持稳健发展，推进高质量发展和建设世界一流示范企业"的战略目标，对标国际能源公司信息化水平，实现"流程化管控、产品化服务、平台化运营、品牌化输出"的信息化战略目标，为中油国际"数字化转型、智能化发展"赋能。详见图 3-1-2。

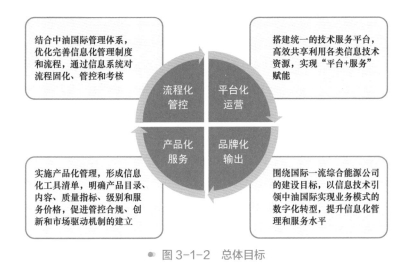

● 图 3-1-2　总体目标

二　业务蓝图

应用企业管理、业务价值链和 TOGAF 业务架构分析方法，对中油国际业务进行梳理，按照战略投资、综合管理、经营管理、生产管理和生产操作五个管理层级，对中方业务和勘探开发、管道运营、炼油化工及投资贸易四类联合公司业务进行业务活动梳理，描绘中油国际总体业务蓝图。详见图 3-1-3。

三　数字化转型总体蓝图

2019 年，中油国际提出了按照"1412"信息化架构搭建"集成统一共享"云平台，推动"互联网＋业务"云化应用的信息化建设总体构想，依托中国石油勘探开发梦想云平台，设计了"一云、一湖、一平台、五大场景多融合"的数字化转型总体蓝图，描绘了大力推进海外油气业务数字化、可视化、自动化、智能化发展的未来愿景。详见图 3-1-4。

● 图 3-1-3 总体业务蓝图

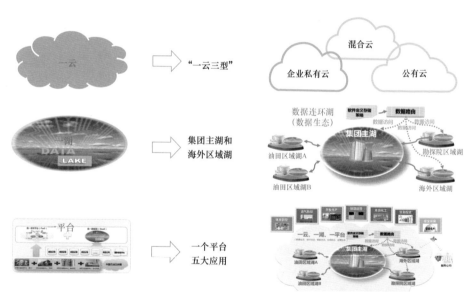

● 图 3-1-4 "一云、一湖、一平台、五大场景多融合"示意图

1. "一云三型"

依托中国石油骨干网络和基础设施,逐步完善海外业务统一共享的云计算环境。综合考虑中国石油及海外资源国法律、预算、安全、网络条件、技术能力等内外部环境因素,针对海外中方项目公司、联合公司需求,按照"一云三型"方案建

设海外云平台，实现云化部署应用，构建多云生态环境，提供企业云、公有云和混合云三种类型的差异化解决方案，逐步提升中国石油全球化信息服务水平，增强竞争软实力。详见图 3-1-5。

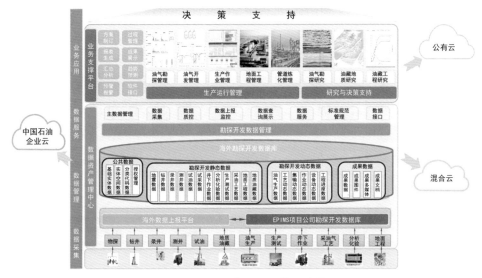

● 图 3-1-5　"一云三型"示意图

2. 统一数据湖

应用数据湖技术建设统一、开放的数据生态，支撑多源数据接入、综合数据治理，为业务应用提供安全、高效、高质量的一站式数据服务，并为大数据分析、认知计算等智能化应用提供基础。详见图 3-1-6。

勘探开发梦想
云——区域数据湖

● 图 3-1-6　统一数据湖架构图

3. 一个平台五大应用场景

依托中国石油统一的 IaaS 云资源和 PaaS 云平台，构建中油国际体系管控、勘探开发、炼油化工、长输管道、投资贸易五大共享业务应用场景，其中 PaaS 云平台包括数据中台、技术中台、业务中台以及应用服务前台等。详见图 3-1-7。

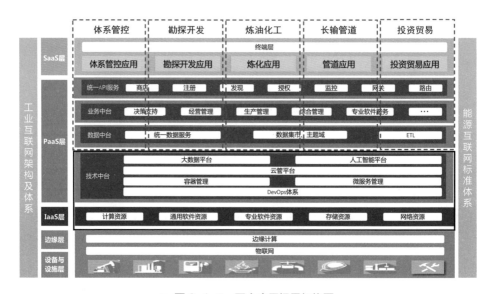

● 图 3-1-7　五大应用场景架构图

五大应用场景架构图共分为五层，从下向上依次为设备与设施层、边缘层、基础设施层、平台层和应用层，以及两个保障体系，即工业互联网架构体系与能源互联网标准体系。

4. 多态融合

多态融合围绕业务融合、双网融合、生态融合进行规划设计。通过明确管理职责、夯实基础保障、规范实施过程、加强评测与改进来建立"两化融合"管理机制，实现中方管控和联合公司现场生产与经营执行的过程管理及全局优化。围绕工业互联网和能源互联网体系进行统一设计，构建支持业务应用的微服务体系。推广云原生开发模式和 APP 应用，通过敏捷开发、快速迭代，逐步实现业务在云平台上的集成、共享和应用，构建中国石油海外油气业务生态圈。详见图 3-1-8。

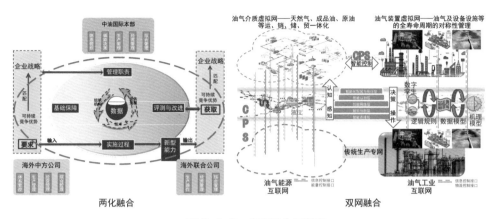

● 图 3-1-8 多态融合示意图

第二节 数字化转型总体架构

数字化转型总体技术架构分为六层，分别是设备与设施层、边缘层、资源层、平台层、应用层和展现层。详见图3-2-1。

一 设备与设施层

设备与设施层按照业务进行划分，主要包括油气水井、炼化装置、加油站、天然气用户设备、物探设备、工程设备和钻井设备。

油气水井主要采集井口工艺参数；采油井采集温度、油压、套压、回压、液量、抽油机状态、电参、冲次等；采气井采集油压、套压、压力、温度、节流前后压力、节流前后温度等；注水井采集油压、套压、流量等；注气井采集井口温度、压力等；稠油开采蒸汽驱注汽井采集蒸汽流量、井口温度、压力、注汽调节阀开度等；炼化装置主要采集振动、温度和流量以及生产与环境数据等；加油站装置业务类主要采集油罐油品、油位、水位、剩余油量等；天然气用户设备主要采集燃气表状态数据、阀门状态数据等；勘探、钻井及其他工程设备与设施主要采集现场作业实时监测数据、视频监控、重点设备运行监测数据、工程异常预警数据等。

● 图 3-2-1　数字化转型总体技术架构

二　边缘层

边缘层由生产单元感知层、传输控制层和管理单元三部分组成。生产单元感知层主要包括各类传感器、仪器仪表、RTU／PLC／DCS／IPC、SCADA系统等现场智能设备。传输控制层是利用以太网和各类无线通信技术，接入生产现场的智能化设备实现数据采集；通过协议解析与转换，实现数据格式的统一；利用边缘数据处理技术，对靠近网络边缘侧的设备或源头数据进行数据预处理、存储以及智能分析；通过网关可向上层边缘平台进行数据传输，保障数据的安全性及有效性。管理单元主要包括勘探与生产物联网平台、工程技术物联网平台、炼油与化工物联网平台等，实现对生产设备、状态和生产情况的监控与管理，保障生产高效安全。详见图 3-2-2。

三　资源层

基于数据中心统一的计算资源、存储资源和网络资源，组建云计算资源池，打造通用软件云和专业软件云。通用软件（如操作系统、数据库、中间件等）云为数据湖和平台层提供云化通用软件支撑；专业软件（如 CAD、地震处理、地质建模等专业软件）云为平台层和应用层提供云化专业软件支撑。在保障安全的前提下，可接入外部公有云以组建混合云资源池模式。

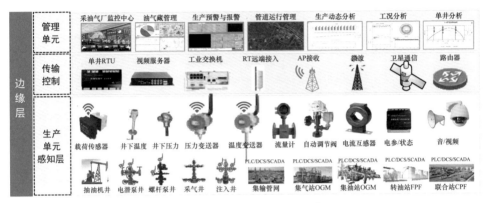

● 图 3-2-2　边缘层主要构成

数据湖基于资源池对结构化数据、半结构化数据和非结构化数据进行存储，数据按照专业进行划分，包括勘探与生产、炼油与化工、销售、天然气销售、海外勘探、工程技术、工程建设、国际贸易、金融和装备制造。详见图 3-2-3。

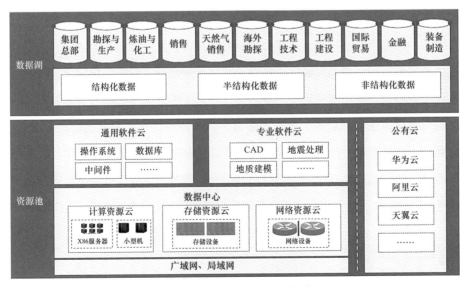

● 图 3-2-3　资源层主要构成

小 贴 士

结构化数据指可以使用关系型数据库表示和存储，表现为二维形式的数据。一般特点是数据以行为单位，一行数据表示一个实体的信息，每一行数据的属性是相同的。

半结构化数据是结构化数据的一种形式，它并不符合关系型数据库或其他数据表的形式关联起来的数据模型结构，但包含相关标记，用来分隔语义元素以及对记录和字段进行分层。因此，它也被称为自描述的结构。半结构化数据属于同一类实体可以有不同的属性，即使他们被组合在一起，这些属性的顺序并不重要。

非结构化数据就是没有固定结构的数据。各种文档、图片、视频／音频等都属于非结构化数据。对于这类数据，一般直接整体进行存储，而且一般存储为二进制的数据格式。

四 平台层

平台层是总体架构（即云平台架构）的核心，由技术中台、数据中台和业务中台构成，其中技术中台、数据中台、业务中台基于梦想云可持续发展的能力构建（图3-2-4）。

技术中台是平台层基础，通过大数据、中间件、人工智能、区块链、云平台等技术体现平台的核心能力；数据中台通过数据检索服务、数据分析服务、算法服务等实现中台的统一数据服务功能，按照油气行业上中下游不同的业务划分不同的数据主题域，通过主数据管理、元数据管理、数据规则管理、数据抽取、数据转换、数据清洗、数据加载、数据质控与扫描等实现数据的治理服务；业务中台根据油气行业的业务类型划分为专用业务服务和通用业务服务，专业业务服务包括勘探与生产服务、炼油与化工服务等，通用业务服务包括组织中心、邮件中心、日志服务等。

五 应用层

应用层建设包括生产实时监控、生产运行管理、经营管理、综合管理以及决

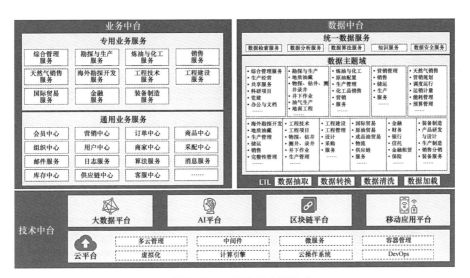

● 图 3-2-4　平台层主要构成

策支持等内容。其中生产实时监控是各专业公司生产实时调度与指挥的应用；生产运行管理是油气价值链优化相关的应用，涵盖勘探管理、炼化运行管理、加油站管理、天然气销售、海外生产管理、工程技术管理、工程建设管理、贸易管理、金融管理以及科研业务管理等；经营管理涉及本部 ERP 相关应用，包括勘探 ERP、炼化 ERP、销售 ERP、天然气销售 ERP、工程 ERP、工建 ERP、贸易 ERP、金融 ERP 和科研 ERP；综合管理主要是国有资产监督管理、党建信息化、综合办公管理、共享服务、安全生产、协同研究等；决策支持主要是专业公司决策支持相关应用，比如生产运行指挥中心、应急管理指挥中心等。详见图 3-2-5。

六　展现层

展现层是总体架构中的最上层，与用户直接接触，一方面为用户提供人机交互工具，另一方面也为显示和提交数据嵌入了特定的业务逻辑（页面展示和各种交互，包括数字化移交）。将展现层与其他层分离，可以采用更细粒度方式来开发，满足不同类型的客户端定制应用要求，支持并服务于不同的客户端，如移动设备、PC 端、手持移动端、触屏平板、大屏幕等。

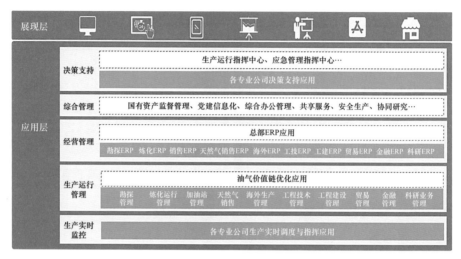

● 图 3-2-5　应用层主要构成

以生产现场应用为例，通过资源层、平台层、应用层等各类数据融合应用，借助 PC、大屏、移动端等交互展现设备来沟通交互，实现生产现场与远程管理者的互联互通以及高效指挥。

第三节　数字化转型的途径与技术路线

在国务院国资委印发的《关于加快推进国有企业数字化转型工作的通知》中，明确了国有企业在产品创新数字化、生产运营智能化、用户服务敏捷化、产业体系生态化四个转型方向上的指导意见：

（1）在产品创新方面提升产品与服务策划、实施和优化过程数字化水平，打造差异化、场景化、智能化的数字产品和服务模式。

（2）在生产运营方面推动跨企业集成互联与智能运营，建设智能现场。

（3）在用户服务方面建设数字营销网络和敏捷的响应服务体系，探索平台化、集成化、场景化增值服务模式。

（4）在产业体系方面建设产业链数字化生态与协同平台，探索跨企业、跨产业、跨界合作新模式。提出了开展数字新基建、发展数字产业、攻克关键技术三方面的赋能举措，为国有企业数字化转型指明了方向。

在企业数字化转型中，业务数字化是前提，平台转型是关键，业务转型是目标，生态转型是保障。中油国际的数字化转型基于平台转型、生态转型，落地业务转型与运营模式转型。

一 平台转型

基于梦想云数字与智能技术平台，统一整合 API 开放平台、数据开放平台、统一技术平台 PaaS、大数据和 AI、移动应用平台及各类 IaaS 服务，为上层应用开发所需的业务中台、技术中台、数据中台和应用前台提供开发架构、运行架构、部署架构、运维架构、运营架构于一体的一站式、共享式技术支撑（杜金虎等，2020）。关于梦想云平台的详细介绍，参阅《勘探开发梦想云——梦想云平台》。

梦想云数字与智能技术平台：梦想云平台实现了上游全业务链数据互联、技术互通、业务协同与智能化发展，构建共创、共建、共享、共赢的信息化新生态。

1. API 开放平台

API 开放平台提供完整 API 托管服务，进行 API 统一运营及管理，管理 API 的生命周期，满足业务部门和内部研发团队的订阅及使用，从而把云平台上有价值的 API，共享给其他应用或合作伙伴使用，是业务中台服务的统一窗口。

2. 数据开放平台

数据开放平台（数据门户）是数据中台对外提供服务的窗口，为业务中台、业务前台提供数据可视化服务、数据治理评估服务、数据共享服务及数据应用服务。

3. 统一技术平台 PaaS

统一技术平台 PaaS 主要由容器子平台、DevOps 框架、微服务子平台、服务目录组成。为开发与运维提供包括 CI / CD 流程、代码管理、镜像管理、配置管理、服务注册、调用、网关、认证、熔断、分布式、跟踪、消息、批量任务等服务。详见图 3-3-1。

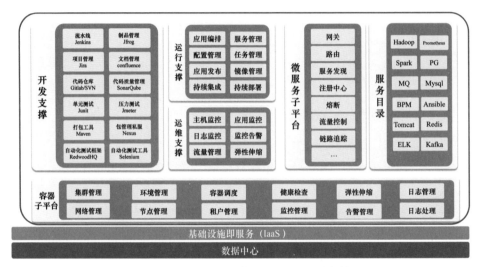

● 图 3-3-1　统一技术平台 PaaS 平台架构

DevOps 是 Development 和 Operations 的组合词，是一组过程、方法与系统的统称，用于促进开发（应用程序 / 软件工程）、技术运营和质量保障（QA）部门之间的沟通、协作与整合。它是一种重视软件开发人员（Dev）和 IT 运维技术人员（Ops）之间沟通合作的文化、运动或惯例。透过自动化"软件交付"和"架构变更"的流程，来使得构建、测试、发布软件能够更加地快捷、频繁和可靠。
CI 为持续集成（Continuous Integration）；CD 为持续交付（Continuous Delivery）。

4. 大数据分析

大数据技术架构以开源技术为基础，整合了 Hadoop、Spark、Kafka、Hbase、Hive、Redis、ElasticSearch（ES）等技术，融合了主流机器学习框架，支持一体化的海量数据管理、查询和分析，满足大数据和人工智能分析需求。

5. 移动应用平台

移动应用平台采用微服务化的架构设计，面向企业持续业务集成和高并发处理等核心需求场景，功能模块包括办公应用平台、移动平台服务、移动平台应用、移动终端框架、平台应用治理等。

6. 基础设施及服务

基础设施及服务层采用软件定义的混合架构模式，提升基础设施资源的弹性和效率。其中计算、存储、网络和安全的软件定义资源池，向上提供灵活的调用接口，实现标准化；向下兼容不同的供应商硬件，保持开放性。

7. 中台战略

所谓中台，是指真正为前台而生的平台，它存在的唯一目的就是服务于前台规模化创新，进而更好地响应服务引领用户，使企业真正做到自身能力与用户需求的持续对接。中台就像是在前台与后台之间添加的一组"变速轮"，将前台与后台的速率进行匹配，是前台与后台的桥梁。它为前台而生，易于前台使用，将后台资源顺滑流向用户，响应用户。那么什么是前台和后台呢？

前台：由各类前台系统组成的前端平台。每个前台系统就是一个用户触点，即企业的最终用户直接使用或交互的系统，是企业与最终用户的交点。例如用户直接使用的网站、手机 APP、微信公众号等都属于前台范畴。

后台：由后台系统组成的后端平台。每个后台系统一般管理企业的一类核心资源（数据＋计算），例如财务系统、产品系统、客户管理系统、仓库物流管理系统等，这类系统构成了企业的后台。基础设施和计算平台作为企业的核心计算资源，也属于后台的一部分。

了解前台、中台、后台的定义后，接下来介绍一下中台的目标、提炼方法以及中台提炼需要关注的几个问题。

中台的目标：（1）能够支持或明确业务中台的单个服务及服务集合划分，简称服务集合划分；（2）能够支持或明确数据中台数据架构模型中的主题域、子主题域直至共享数据的识别和抽取，简称共享数据抽取；（3）能够通过分析提出业务和数据的分布式云化需求及响应策略,简称云化需求响应。

中台提炼的基本方法:重点是要针对已正式下发和正在使用的业务流程、岗位说明书、系统界面的功能模块以及关键的规章制度等,进行目录排序,利用泳道图、思维导图、Visio 等工具进行梳理、分解、整理,然后合并同类项,最后提炼出业务中台、数据中台。

中台提炼需考虑以下几点:(1)采取 API 微服务方式,用平台方式快速试错,解决业务部分的 IT 需求,不能采用传统的竖井方式,成本较大;(2)API 形态为高聚合、低耦合,事件驱动;(3)中台是能力的构建,支持快速试错、快速迭代、快速实现,而不破坏传统应用,中台不断成长;(4)中台以共享服务为主。

二 生态转型

根据相关方案设计,中油国际生态转型主要包括数据生态、应用生态、共享服务生态。

1. 数据生态

数据生态基于中油国际数据治理体系、数据湖理念建设,主要目标是实现上游数据跨地域互联,以及前后方、跨专业、跨业务共享,充分发掘数据价值,为数字化转型奠定基础。根据中国石油实践,数据湖是实现数据生态的一种有效途径。详见图 3-3-2。

截至 2020 年底,本部和项目公司管理物探、钻井、地质录井、测井、试油试采、样品实验、地质油藏、井下作业、油气生产、采油气工艺、地面/海洋工程、油气集输、炼化等结构化数据 13 类,共计 3 万余口井,物探、钻井、录井、测井、试油试井、综合地质、分析化验、井下作业、油气田开发、管理类、图形文档等非结构化数据 11 类,文件超过 18 万个,共计 4 太字节以上,实现了上游业务核心数据全面共享。

其中,结构化数据主要数据范围如下。

物探:勘探规划、二维三维地震采集周/月动态数据等。

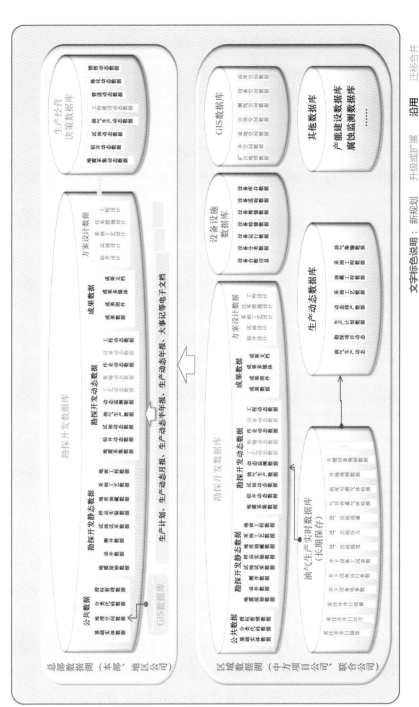

● 图 3-3-2 数字油田数据湖

钻井：钻井日 / 周 / 月 / 年动态数据、计划数据等。

地质录井：录井地质日报、岩屑录井、综合录井数据。

测井：单井测井数据、测井解释成果等。

试油试采：试油日 / 周 / 月 / 年动态数据、计划数据等。

样品实验：产油剖面数据、分析化验数据等。

地质油藏：井分层数据、油气藏数据、圈闭数据等。

井下作业：措施作业动态数据、措施效果、射孔数据、井身结构图、完井管柱图、油管数据等。

油气生产：生产计划、单井及区块日 / 周 / 月 / 年生产数据、新井生产数据、措施井生产数据等。

采油气工艺：单井生产参数、井维护数据、设备运行数据、巡检数据、检维修数据等。

地面 / 海洋工程：地面建设计划、油气集输与处理动态数据、地面设备运行动态数据等。

油气集输：设备运行数据、巡检数据、检维修数据。

炼化：炼化周 / 月动态数据。

通过数据湖技术，这些沉淀的数据资产实现了互联互通，解决了数据重复建设问题，更好地支撑了跨部门、跨专业的协同工作与协同研究，实现了勘探业务管理与研究工作由线下到线上、由单兵到协同、由手工到自动的重大转变。

2. 应用生态

应用生态基于统一的基础设施、数据中台、技术中台和业务中台等"数据＋技术"生态，按照共建、共创、共享、共赢的原则，不断丰富、完善和提升，支持敏捷定制、按需使用，并通过运营加以保障。

为了促进应用生态建设，中油国际推出了第一版"中油国际信息化手提箱"（以下简称"手提箱"）。手提箱是包含产品解决方案和实施方案的分类目录。用户根据目录选取后，即可得到即选即用式的安装部署和应用服务。详见图 3-3-3。

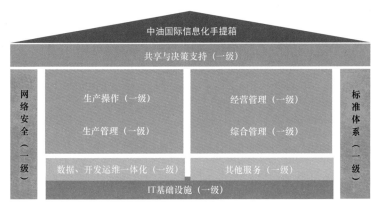

● 图 3-3-3　手提箱架构图

手提箱是中油国际信息部门统筹规划，给中油国际本部、项目公司提供一套能够尽快落地、即开即用的信息化解决方案、产品和服务，大大加快了中油国际本部、项目公司、联合公司的信息化建设效率。

通过手提箱，结合总体信息化技术架构，可以更快更好地建设应用生态；通过应用生态中的应用建设，以及与业务用户不断反馈迭代，能够更好地积累和完善手提箱。

根据中油国际项目公司业务架构，基于全球管理体系，分析了海外勘探开发项目实际需求和情况，结合目前海外正在使用的和昆仑数智公司成熟的解决方案，通过整合中国石油自主产品和合作伙伴的产品，打造智慧油气田解决方案，最终形成了产品、服务即开即用的信息化手提箱。

手提箱面向中油国际本部及海外项目公司，分为生产操作、生产管理、经营管理、综合管理、共享与决策支持、基础设施、运维、网络安全、标准体系、数据管理、其他服务，共计 11 个一级目录。本部及项目公司依托手提箱中的产品和解决方案，可实现快速落地成熟的产品和服务。详见图 3-3-4。

手提箱案例分享：油气生产物联网解决方案。

1）方案简述

完善油田生产范围内的油气井、注水井、计量间、集输站、联合站、处理厂等设备设施数据的采集与监控，统一监控平台，实现生产数据自动采集、远程控制、分析诊断、生产预警，支持油气生产过程数字化、智能化管理，实现油气田生产决策的及时性和准确性，提高生产管理水平，降低运行成本和安全风险。

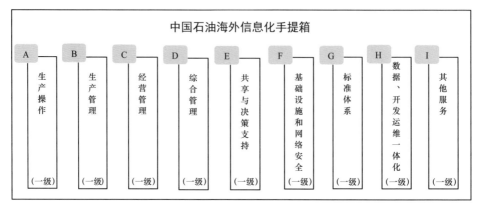

● 图 3-3-4　手提箱产品或解决方案（一级类型）

油气生产物联网架构总体分为三层（图 3-3-5），分别是感知层、网络层和应用层。感知层主要是生产场景数据采集与控制，网络层主要负责数据传输，应用层由生产管理平台和研究与决策平台组成，主要是面向业务人员提供各类应用，辅助业务人员解决工作中遇到的各类问题。

2）数据采集

（1）数据标准化建设：梳理基础数据源头，明确采集边界，健全数据采集质量保障体系。

（2）物联网数据全覆盖：开展未建和已建油气生产单元物联网单井自动采集全覆盖建设，实现所有井、间、站的数据实时采集。

（3）日常数据的标准化采集：以基层生产单元的现场作业管理规范和生产业务基础工作标准为依据。

（4）第三方数据的标准化接入或导入。

3）数据应用

按照业务应用的不同需求抽取、组合相应的业务主题数据集，采用数据服务、数据分析、智能分析等多种方式，无缝、高效地向各类业务应用推送所需数据。

图 3-3-5 油气生产物联网架构

4）应用效果

（1）全面实现井、间、站场无人值守，缓解一线用工。

（2）实时监控生产运行状况、异常报警，减少事故发生，保障生产安全。

（3）掌握生产变化规律，及时优化油井工作制度，最终实现节能降耗。

（4）搭建一体化调控中心，实现数据综合展示、生产数据集中分析、一体化协同研究等，以及智慧化生产分析与决策指挥，提高工作效率。

（5）全面开展物联网建设，为油田优化生产管理方式与组织结构提供支撑。

5）客户价值

（1）实现单井及场站生产数据的实时采集和远程监控，推动油气生产业务管理模式由传统的"定岗值守、定时巡检"转变为"远程监控、无人值守、电子巡检"。

（2）借助物联网、大数据、云计算等关键技术，进一步深化油气生产智能应用，实现生产趋势预测、预警智能分析、生产动态优化，为生产提供及时准确的决策信息。

（3）油气田发展趋势正朝着"一体化、协同化、实时化、可视化"的方向发展，油气生产计量是油气田生产极为重要的基础性工作，其数字化、智能化是智能油气田建设的基础之一。

（4）数字化计量技术的应用，将成为油气生产物联网的重要补充，进一步升级、完善油气生产环节的数字化程度，推进企业数字化转型。

6）共享服务生态

中油国际拟建立共享服务生态。根据中油国际本部、地区公司、项目公司和联合公司的需求，提供丰富的 IT 共享服务，并依托云技术平台建立涵盖组织、流程、制度和考核在内的一体化运营管理体系，支撑海外云数据中心服务可靠、可控、持续、稳定运营，以满足本部、地区公司、项目公司和联合公司的信息化需求。详见图 3-3-6。

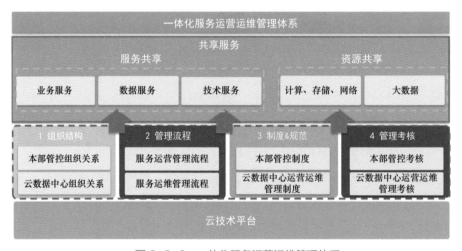

● 图 3-3-6　一体化服务运营运维管理体系

第四节　数字化转型价值评价体系

中国石油信息技术规模化应用及信息系统全面规划建设始于"十五"规划末期，至今已经历了近 20 年的时间，在企业管理、经营决策、生产运行、HSSE 管理、数据资源管理等方面取得了显著成效（杜金虎等，2020）。

中国石油海外油气业务信息化、规模化建设起步于2010年后，基于海外油气业务信息化建设需求与规划，对标国际油公司信息技术应用案例，以面向海外油气田数字化与智能化管理，打造中国石油海外信息化、数字化解决方案及产品，全面支撑海外贯穿非洲、欧洲、亚洲、南美、北美五大洲，四个地区公司和数十个项目公司的油气生产业务应用为目标，实施了海外勘探开发一体化信息管理系统（EPIMS）、经营管理系统（ERP）、协同办公系统（OA）以及数字油气田示范工程建设，形成了可全面覆盖海外上游管理解决方案的数字化油气田系统产品。

中国石油上游
业务信息化
建设总体蓝图

信息化建设具有投资回报周期长、持续性要求高、应用过程干扰因素多等特征，在国内油气田公司全面推动"油公司模式"转型发展的大趋势之下，以数字技术驱动、业务价值导向成为油气田企业发展的必然选择，因此，对油气行业信息化的价值与效果的评价成为近年来研究探索的热点问题之一。

一　数字化与智能化应用价值案例

国内的专家学者刘希俭先生早在2015年就在中国石油和化工行业"两化融合"推进大会上所作的《持续提升信息化价值的思考与实践》报告中讲到，信息化创造新的商业模式，例如，在信息系统的支撑下，加油站的非油品销售已达到销售量的50%；信息化在减少安全事故风险方面，使隐患早发现，早预防；信息化是落实以人为本理念的抓手，明显改善了油田作业环境；信息化具有相互叠加的放大效应，使多种价值呈现"1＋1＞2"的效果。骆科东等（2016）站在中国石油企业信息化的角度，对企业信息化的价值特点及评价体系进行了研究，提出了企业信息化项目价值评价方法与流程、企业信息化效益指标体系（图3-4-1）与计算方法等。基于对油气田数字化、智能化与智慧化的调研分析和实践研究，马涛等

（2020）提出了数字油气田、智能油气田以及智慧油气田的价值模型，从业务组织维度给出了油气田企业上游业务数字化、智能化的建设目标及其以效率与效益为核心的价值体系概算方法模型。

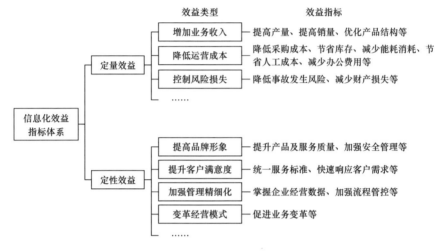

● 图 3-4-1　企业信息化效益指标体系

　　下面通过国内外几个油公司的数字化、智能化实践案例，进一步阐述数字化与智能化的应用价值。

　　长庆油田规模化、数字化油田建设始于 2009 年初，通过数字化手段，实现"井站一体、电子巡护、远程监控、精确制导、智能管理"目标。数字化给一线员工到底带来了什么？采油七场白一转油站的员工用切身感受回答了这个问题："开始听说数字化，觉得是难以企及的事情，但如今数字油田已经呈现在眼前！它让我们的工作变得更安全、更快捷、更轻松、更快乐了。"数字化生产管理运行系统作为生产前端，将梁峁丛立、沟壑纵横的陕北高原上白豹油田的一个个井区站点紧紧地连在一起，实现了井场无人值守、数据自动采集、生产状态实时监控、重点要害设备远程自动启停。率先实施数字化管理的西峰油田、白豹油田和苏里格气田，数字化服务通过地面向地下的延伸，整合集成了钻井、录井、测井、试油气、分析化验、油气生产等 19 个类别的基础数据 2 亿多个，"数字化技术的广泛应用，不要说地面直观的情况，就是上千公里外数千米地下的油气藏构造情况，我们也能看得一清二楚",长庆油田公司勘探开发研究院院长赵继勇说。长庆油田数字化管理的换档升级,直接受益的是管理效率的提高,2007年以来,长庆油田的年油气产量由2000万吨油当量迈上6000万吨油当量台阶,而7万人的用工总量一直没有改变,这完全得益于数字化技术的深度应用。

西北油田分公司采用可视化、自动化和智能化的信息化管理系统提升劳动生产率,在各油气生产单位设立信息化安全生产监管平台,通过数字化,把实体油田"装"进了计算机,1870口油井的数据采集全覆盖,600多口重点井和125座站点实现了工艺参数自动采集和视频监控,19座站库实现了无人值守。仅2017年,通过采取新的举措,西北油田就实现盈利4.5亿元,一举结束了连续两年亏损的历史,率先在中国石化油田板块实现盈利。

大庆庆新油田打造数字化"智能管家",使"庆新人"走上了低成本之路。应用数字化技术后,管理细化到单井、单环及单台设备,实行"一井一措施",节能形势逐年向好。由于对每一口井甚至每一台设备的能耗都心里有数,降耗发力点找得更精准。2013年以来,庆新油田累计节电1293.06万千瓦时,节气249.02万立方米,累计降低成本1327.86万元,并实现了吨液耗能、吨油成本等指标在大庆外围油田最低。2016年,庆新油田桶油操作成本控制在19.26美元,在低油价的冲击下保持了良好的效益水平。

壳牌(Shell)第一个智慧油田计划启动于2000年,为智能油田项目开发了全套智能油田技术,通过实时监控,保持油田生产的最佳状态。该项目包括智能井、先进协作环境、整体油藏管理等子项目,在美国、加拿大、欧洲、中东和非洲等地区实施,均获得了巨大成功。截至2009年,该项目为Shell带来的整体收益高达50亿美元。该技术在文莱Champion西部油田的应用使最高采收率提高了3%~6%、开发成本降低了1~1.5美元/桶。Shell智慧油田项目通过英国阿伯丁钻井实时作业中心(RTOC)的应用,减少了非生产时间,增加了安全生产时间,高效提交油井,有效掌控油井成本,部分案例的设计周期减少百倍,帮助某单井挽回的损失相当于RTOC三年的运营成本,半年收回RTOC投入成本。Shell智慧油田通过协同工作环境CWE的建设与应用,改善了对井、油藏和生产设施的管理，有效遏制了产量递减甚至一年内还增产了 3%，将停产油井的平均重启时间从六天缩短到三天以下，增强了设施监测能力，使海水注入泵因跳闸或故障而推迟的时间减少了 0.2%，改进了资产团队之间的合作，可靠性超过 97%，维修积压率接近于零。

英国石油公司（BP）的未来油田项目始于 2003 年，主要利用传感器与自动化等技术，将现场与地下的实时数据传送到远程中心进行分析，实现了基于分析的快速决策。BP 还通过分布在全球的 35 个先进协作中心，实现了多学科、多地点的远程协同，克服了早期推广过程中遇到的阻力。BP 认为，未来油田技术对其总产量的贡献率超过 50%，该项目在实现关键业务目标的同时，也带来知识经验共享、人员与组织技术持续提高等其他重要价值。

挪威国家石油（STATOIL）于 2005 年启动了一体化运营项目（Integrated Operations），通过跨学科、公司组织、地方协同合作，依靠实时数据和创新工作流程的应用，实现了勘探、开发、生产作为一个完整系统的整合运营，帮助 STATOIL 实现了更安全、更高效、更科学的决策，为整个挪威大陆架实现潜在效益达到 400 亿美元，其中增加储量及提高产量占 70%，降低成本占 30%，将北海油田海底平台的采收率提高到 55%，固定平台的采收率提高到 65%，收入增加数百亿美元的规模。通过该项目，实现了对组织机构和业务流程不断优化，操作及管理人员无论在生产现场、办公室或监控中心，都能够随时随地对业务状况进行综合管理，智慧的现场管理成为其主要特色。另一个案例为位于北海的巨型油田项目 Johan Sverdrup，第一阶段投产日期比开发运营计划预计的时间提前了两个多月，最终投资比预计减少 400 亿挪威克朗（43.8 亿美元），主要"得益于利用新技术和数字化作出了勇敢的决定，并从中受益"。

沙特阿美（Saudi Aramco）通过两个智能油田数据中心、八个主要工作流以及地面与地下模型系统，实现了对油藏的实时管理，及时掌握生产状况，提高井下作业效率，进行业务流程优化，利用远程监控与预警等手段，降低作业成本、提高油田油气采收率。

二　数字化与智能化价值评价方法体系

1. 价值评价方法概述

由中国石油信息管理部组织，中国石油规划总院牵头开展的企业信息化价值评价体系研究工作始于 2010 年左右，形成的信息化价值评价方法体系，在推进信息技术与业务深度融合以及应用价值评价方法总结评价信息系统建设与应用效果方面起到了非常积极的作用，成为信息系统建设可行性研究及信息系统建设项目后评价重要指导性文件，使信息系统建设由"业务＋技术＋应用"模式向"业务＋技术＋应用＋效益"模式转变。按照统一规划及顶层设计，采用集中统一建设，在降低成本、节省人力及公共费用、增加收入、支持业务变革、加强流程管控等方面创造了巨大的价值。

价值标准是包括各项价值指标的价值系统，主要包括经济效益、社会效益和学术价值。价值标准是衡量人对主体的客观需要和利益大小。利益本身来自主体的本质、存在和内在结构规定性，来自人的生存和发展同整个世界的联系。作为对主体的衡量尺度，价值标准本身与主体存在直接同一，在主体的客观存在之外，它不需要其他客观前提，它本身就是客观的。主体的客观需要和利益在人的价值关系和价值活动中，具有"尺度"的性质和功能，所以价值标准即为价值尺度。

以信息系统建设中标准（含技术标准、管理标准、开发标准等）和环境（含基础设施、开发环境、应用环境等）两项指标为例，在 n 个油田开展同类项目的总时间成本：

$$TC_n = X_{B_1 C_1}\left(\frac{E_1 \propto D_1}{T_1}\right) + X_{B_2 C_2}\left(\frac{E_2 \propto D_2}{T_2}\right) + \cdots + X_{B_n C_n}\left(\frac{E_n \propto D_n}{T_n}\right)$$

若统一标准和环境，则：$E_1 = E_2 = \cdots = E_A$，$D_1 = D_2 = \cdots = D_A$，那么项目统一建设时

间成本：

$$TC_A = X_{B_A C_A}\left(\frac{E_A \propto D_A}{T_A}\right)$$

则

$$TC_A \ll TC_n$$

即：项目统一建设时间成本远远小于分散建设的时间成本，且为后续系统集成（含数据集成、应用集成或业务集成、统一运维管理等）创造了重要的基础条件。

式中，TC 为时间成本；X 为项目；B 为油田；A 为集团（总部）；C 为不同阶段成果；E 为标准（规范）；D 为环境（基础设施、应用环境等）；T 为项目周期。

信息化建设阶段，通常是以单个或一组业务对象为核心，以"技术＋业务"为驱动，在信息技术总体规划指导下，完成单轮次信息化建设，通过后评估完成价值后评价，如图 3-4-2 所示，图中列出了信息化项目建设的主要流程。

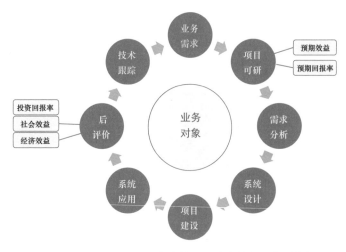

● 图 3-4-2　以业务对象为核心的传统信息化建设模式

中国石油信息化统建项目遵循成熟的项目建设方法论（刘希俭等，2008，2012），具体过程包括：项目可行性研究、项目立项论证、项目立项批复、项目启动、现状与需求调研、需求分析、需求分析评审、系统详细设计、系统详细设计评审、系统研发与测试、系统上线试运行、项目试点建设、项目试点验收、项目推广建设、项目推广验收、系统应用与完善、项目决算审计、项目竣工验收、系统深化应用与提升、项目后评价等。

数字化转型发展阶段不再以单个或一组相关业务对象为核心，而是以业务本体为核心，关注业务全链条优化与高效运行，通过"价值＋目标＋技术"驱动，数字化、平台化技术支撑，智能化技术赋能，实现需求的敏捷响应和快速迭代。数字化转型初级阶段，以业务本体及各业务对象为核心的业务转型模式如图3-4-3所示，该阶段的核心驱动力仍然是以"目标＋技术"为主，价值驱动尚不明显。数字化转型成熟阶段，以业务本体及整个流程为核心的业务转型模式如图3-4-4所示，该阶段通过建立并完善针对每一业务对象的价值估算或价值评价模型及方法，逐步建立形成针对不同业务本

业务本体与业务对象本体的含义为事物的主体或自身，事物的来源或根源。业务本体意为业务本身及全部。业务对象简单地说是对真实世界的软件抽象，它由状态和行为组成，表达了来自业务域的人或地点或事物或概念，且可以重复使用。本书将其理解为业务本体可用若干的业务对象来描述，从而实现对业务在数字或信息世界虚拟且完整的再现。

体的价值评价体系，也即在计划开展任何一项针对业务对象或业务本体的数字化或智能化转型之前，都有相对应的或可借鉴的价值评估或评价模型可供使用，从而快速计算转型的预期价值，并为转型投资与实施提供决策或改进依据；该阶段一方面满足业务全链条持续优化、产品快速升级的需求，同时提升业务对市场的响应速度，提高客户与合作伙伴的满意度。这一阶段的价值评价不再局限于业务局部的价值提升，而是通过智能化手段和自动化的过程，实现对全业务价值链的实时评价，及时发现不合理的或影响总体价值创造的劣质过程，从而为快速治理提供决策依据。

中国石油上游业务梦想云平台，为上游业务数字化、信息化、智能化建设提供了统一平台、统一标准规范和统一的敏捷开发与应用环境，为数字化、智能化技术快速转化为业务能力以及生产力提供了全方位的赋能平台，成为中国石油上游业务数字化转型、智能化发展的重要支撑。

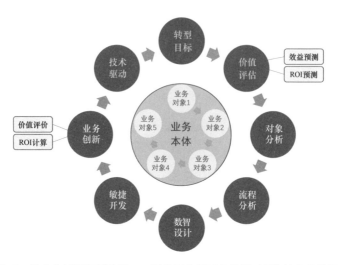

● 图 3-4-3　数字化转型初级阶段——以业务本体及各业务对象为核心的业务转型模式

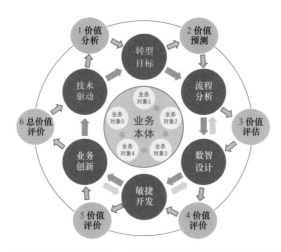

● 图 3-4-4　数字化转型成熟阶段——以业务本体及整个流程为核心的业务转型模式

数智设计是数字化与智能化过程设计的简称，也是用数字化技术对业务建模，用智能化技术赋能业务的核心过程。

2. 信息化建设阶段的价值评价

1）价值指标的分类

基于中国石油各业务领域信息化效益分析（骆科东等，2016），梳理出通用的定量效益和定性效益价值指标各七类，如图 3-4-5 所示。

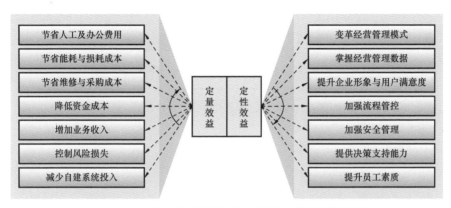

● 图 3-4-5　信息化建设通用定量效益和定性效益价值指标

2）价值评价流程

价值评价流程分为信息化项目价值评价流程（图 3-4-6）和面向业务信息化的价值评价流程（图 3-4-7）。

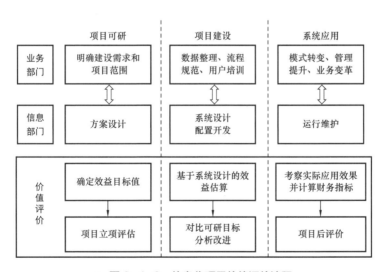

● 图 3-4-6　信息化项目价值评价流程

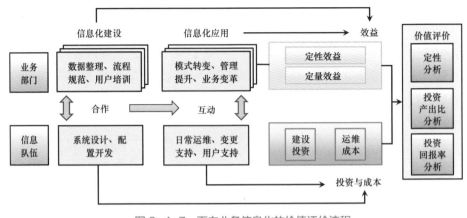

● 图 3-4-7　面向业务信息化的价值评价流程

3）定量效益的计算方法

信息化系统效益的计算一般是按照系统上线前的初始条件和上线后的当前条件进行对比计算获得，主要计算要素包括投资、成本和上线后至评价时可计算的定量效益。其中，定量效益又可分为持续型效益和事件型效益两种。

持续型效益：是指对于日常性、事务性的业务，在信息化的支持下产生持续性获益，该效益按照时间周期或者规模量进行计算。持续型效益的初始值取上线前一年对应业务指标的数值。

$$持续型效益 = |\,当期值（业务指标 / 业务规模系数）-$$
$$初始值（业务指标 / 业务规模系数）|\times$$
$$当期业务规模系数 \times 价格 \times 相关参数$$

式中，业务指标包括集成凭证数、采购价格、单次开票时间、产品比例等，业务指标当期值和初始值可直接获取时，用差值代替（当期值－初始值），其余不变；规模系数包括商品采购总量、汽油产量、开票数量、每日班结 / 日结系数等，根据情况选择是否使用；价格包括薪酬、采购单价、价格差，业务指标为金额的不适用；相关参数包括资金成本率、优化调整率、数据损失率等，根据情况选择是否使用。

事件型效益：是指该效益是非持续日常发生的，部分业务如促销、价改等本身具有事件性的特点，信息化的效益表现为对支持该次业务的单次性效益，单次性效益在评价时按照次数进行分析计算。事件型效益应设置对照值，取当次效益之前的信息系统上线前的业务模式下的数据。

事件型效益 =

$$\sum_{1}^{n} |当次值（业务指标）-对照值（业务指标）| \times 当次价格 \times 相关参数$$

式中，n 为事件发生的次数；业务指标包括集成凭证数、采购价格、单次开票时间、产品比例等，业务指标当次值和对照值可直接获取时，用差值代替（当次值 - 对照值），其余不变；当次价格包括薪酬、采购单价、价格差，业务指标为金额的不适用；相关参数包括资金成本率、优化调整率、数据损失率等，根据情况选择是否使用。

投资：是指信息化项目可行性研究中所列所有投资构成项，包括工程费用（硬软件购置、内部支持、外部咨询费用等）、工程建设其他费用（可行性研究编制及评审、会议费用、培训费用）及预备费用（可行性研究阶段难以预料的工程费用和其他费用）。

成本：主要指运维保障费用，包括维护费用（人员成本、软硬件维护等）和运行费用（房屋租赁、水电杂费等）。

财务分析：根据投资、成本和效益分析结果进行财务分析（表 3-4-1），生成财务分析表格和财务分析结果。

4）定量效益指标的计算模型

（1）节约员工时间效益 =〔员工工作时间（初始值）- 员工工作时间（当期值）〕× 当期员工薪酬；

（2）精减岗位人员效益 =〔岗位人员数（初始值）- 岗位人员数（当期值）〕× 当期员工薪酬；

（3）节省办公费 = Σ〔办公材料或通信数量（初始值）- 办公材料或通信数量（当期值）〕× 相应单价；

（4）节省差旅会议费 =〔参会出差人数（初始值）- 参会出差人数（当期值）〕× 人均会议费或人均差旅费；

表 3-4-1 信息化项目投资回报分析模型

财务评价指标	内容	计算公式	财务上可行的判断条件
投入产出比（I/O）	指项目运行寿命期内效益总和与全部投资之比	项目投入产出比 = 各年效益总和 /（各年建设总投资 + 各年运维总费用）	>基准值
投资回报率（ROI）	指项目运营期内年平均息税前利润与项目总投资的比率，表示总投资的水平	$ROI = \dfrac{EBIT}{TI} \cdot 100\%$	>基准值
内部收益率（IRR）	指能使项目计算期内净现金流量现值累计等于零时的折现率	$\sum\limits_{t=1}^{n} (CI-CO)_t \left(1+IRR\right)^{-t} = 0$	>基准值
财务净现值（NPV）	指能使项目评价期 n 年内净现金流量投资金成本进行折现的现值之和	$NPV = \sum\limits_{t=1}^{n} (CI-CO)_t \left(1+i_C\right)^{-t}$	>0
投资回收期（P_t）	指以项目的净收益回收项目投资所需时间，一般以年为单位	$\sum\limits_{t=1}^{P} (CI-CO)_t = 0$	投资回收期短，表明项目投资回收快，抗风险能力强
资本金净利润率（ROE）	指项目运营期内年平均利润与项目资本金投资的比率，表示项目资本金投资的盈利水平	$ROE = \dfrac{NP}{EC} \cdot 100\%$	资本金净利润率高于企业的净利润率参考值

（5）减少能耗费 =〔单位能源消耗（初始值）－单位能源消耗（当期值）〕×当期业务规模系数 × 当期能源价格；

（6）减少损耗费 =〔损耗率（初始值）－损耗率（当期值）〕× 当期业务规模系数 × 当期业务单价；

（7）降低维修成本 =〔平均每项工程设备维修费用（初始值）－平均每项工程设备维修费用（当期值）〕× 当期维护工程数；

（8）降低采购成本 = Σ〔某类商品采购价（初始值）－某类商品采购价（当期值）〕× 当期此类商品的采购总量；

（9）减少库存成本占用 =〔库存资金占用量（初始值）－库存资金占用量（当期值）〕× 资金成本率；

（10）增加预收账款＝〔预收账款（当期值）－预收账款（初始值）〕× 资金成本率；

（11）增加产品产量＝〔产品产量（当期值）－产品产量（初始值）〕× 当期产品利润；

（12）提高边际效益＝优化调整的业务规模量 × 边际增量效益差；

（13）提升高附加价值产品比例＝〔高附加值产品产量（当期值）－高附加值产品产量（初始值）〕× 高低附加值产品价格差；

（14）提高产品推价到位率＝∑〔推价到位率（当次值）－推价到位率（对照值）〕× 当次销量 × 调价前后价格差；

（15）提升销量＝〔销量（当期值）－销量（初始值）〕× 边际效益；

（16）提高资产利用率＝资产利用率的提高值 × 相应价格；

（17）减少事故发生风险＝〔事故次数（初始值）－事故次数（当期值）〕× 每次事故带来的经济损失；

（18）减少资产损失＝〔资产损失量（初始值）－资产损失量（当期值）〕× 单位资产价值；

（19）减少自建系统投入＝∑被取代的单个系统 × 单个系统投入金额。

其中：

（1）—（4）项为节省人工及办公费用所取得的持续型效益；

（5）—（6）项为减少能耗与损耗所取得的持续型效益；

（7）—（8）项为降低维修与采购成本所取得的持续型效益；

（9）—（10）项为降低资金成本收入所取得的持续型效益；

（11）—（16）项为增加业务收入所取得的持续型效益；

（17）—（18）项为减少或控制风险损失所取得的持续型效益；

（19）项为减少自建系统投入所取得的事件型效益。

3. 数字化转型发展阶段的价值评价

1）业务参考模型

油气勘探开发业务（图 3-4-8）在全球范围内具有同质性，但在面对同一地质或油气藏的勘探开发过程中，不同组织者或作业者，在组织管理和技术实施上的差异性可能很大，体现出组织者或作业者的数字化、智能化的管理能力和综合水平。

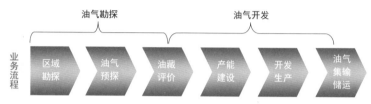

● 图 3-4-8　勘探开发（E&P）总体业务流程

按照广义数字（智能）油气田建设理念，从数字油气田与智能油气田建设维度，主要涉及勘探、评价、开发、生产与集输等五大领域，勘探、评价等六大研究，物探工程、油藏工程等五大工程（图 3-4-9），构成数字（智能）油气田"数字化、自动化、协同化、可视化、智能化"的业务本体。

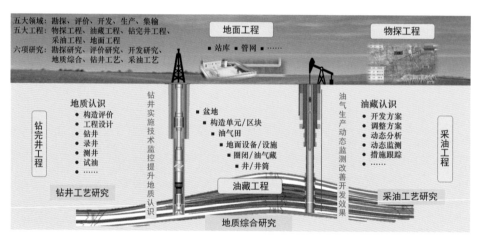

● 图 3-4-9　广义数字（智能）油气田涉及的业务本体

以中国石油上游业务为例，其业务主要涵盖了区域勘探、油气预探、油藏评价、产能建设、开发生产、油气集输六大过程，作业区、采油气厂、油气田公司和集团专业分公司四大层级，生产操作、评价与研究、生产管理、决策管理和运营支持等多个业务领域（图 3-4-10）。油气田公司按照油公司模式改革的总体要求，并通过数字化技术的应用，已将企业所属的原五级组织架构压缩为三级，即由班组、站/队、作业区/矿、采油（气）厂、油气田公司压缩为采油（气）作业区、采油（气）厂、油气田公司，在实现了减人增效的同时，保证了工作不减、任务不丢、责任不少、强度更轻、安全更好，这主要得益于数字化技术的深度应用。

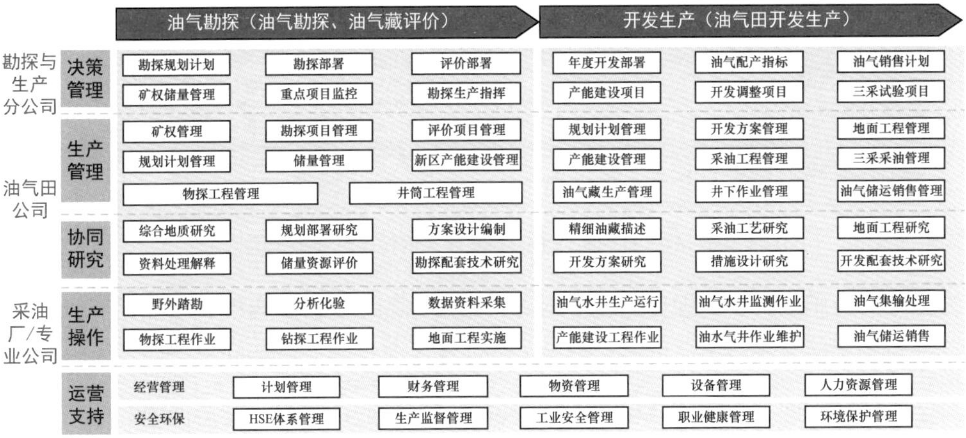

		油气勘探（油气勘探、油气藏评价）			开发生产（油气田开发生产）		
勘探与生产分公司	决策管理	勘探规划计划	勘探部署	评价部署	年度开发部署	油气配产指标	油气销售计划
		矿权储量管理	重点项目监控	勘探生产指挥	产能建设项目	开发调整项目	三采试验项目
油气田公司	生产管理	矿权管理	勘探项目管理	评价项目管理	规划计划管理	开发方案管理	地面工程管理
		规划计划管理	储量管理	新区产能建设管理	产能建设管理	采油工程管理	三采采油管理
		物探工程管理		井筒工程管理	油气藏生产管理	井下作业管理	油气储运销售管理
	协同研究	综合地质研究	规划部署研究	方案设计编制	精细油藏描述	采油工艺研究	地面工程研究
		资料处理解释	储量资源评价	勘探配套技术研究	开发方案研究	措施设计研究	开发配套技术研究
采油厂/专业公司	生产操作	野外踏勘	分析化验	数据资料采集	油气水井生产运行	油气水井监测作业	油气集输处理
		物探工程作业	钻探工程作业	地面工程实施	产能建设工程作业	油水气井作业维护	油气储运销售
	运营支持	经营管理	计划管理	财务管理	物资管理	设备管理	人力资源管理
		安全环保	HSE体系管理	生产监督管理	工业安全管理	职业健康管理	环境保护管理

● 图 3-4-10　国内油气田公司与采油气厂勘探开发科研生产与运营业务模型

不同于国内上游业务，中国石油海外油气业务共包括了勘探管理、评价管理、油气开发管理、油气生产与运营管理、QHSSE（质量、健康、安全与环保）管理、工程建设管理、设备管理和采购与销售管理八个业务单元（图 3-4-11），在组织管理上贯穿了作业区、项目公司、地区公司和本部四个管理层级。

2）价值评价方法的演进

不同于信息化建设阶段的信息系统建设与价值评价方法，数字化转型阶段工作的重点由业务数字化转为数字业务化，并向业务智能化与自动化、管理可视化与协同化、工作价值化、决策科学化与智慧化演进，该阶段系统建设将采用梦想云"厚平台、薄应用、模块化、迭代式"的建设模式，即基于统一的技术底台共享基础设施资源；采用统一的数据湖技术与标准，构建强大的数据中台，保障各类数据的便捷高效接入、集成与汇聚，对外提供基于知识的信息检索、成果知识共享，支持数据洞察、数据挖掘、知识发现等应用，满足面向各种应用场景的数据共享需求；将

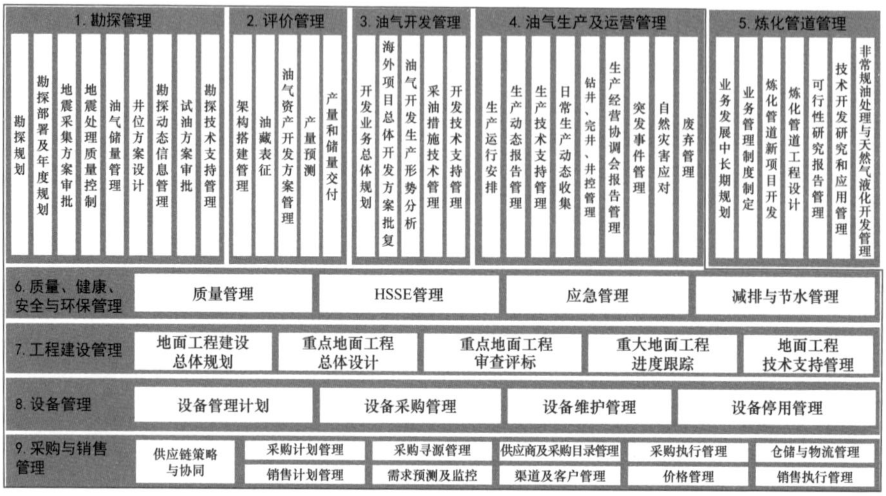

● 图3-4-11　海外勘探开发业务模型（红线框范围内）

专业化的应用组件、可视化的图形组件、工具化的专业算法组件、智能化的算法组件等封装于业务中台中，形成功能强大的业务服务中台，赋能业务应用；通过更加灵活的门户管理、应用集成和应用商店等技术构建应用前台，支持便捷的业务场景定制，满足各类用户的个性化需求，见图3-4-12。

数字化转型阶段的系统建设方法和业务对象已经改变，技术在不断演进、平台在不断迭代、业务创新在不断涌现、业务场景在不断扩展，价值评价对象处于不停的优化改进中，因此，此时的价值评价方法需向自动化、智能化方向演进，才能跟上价值评价对象快速发展的步伐；此时的价值评价方法体系将成为系统平台能力的重要组成部分，成为科学决策和智慧运营的核心支撑。

3）规模化定量效益的概算方法

利用马涛等（2020）提出的数字、智能与智慧油气田价值模型（图3-4-13），可以快速估算图中给出的每个业务对象或业务场景的规模化定量效益。

例1：当采用云数据中心方案时，可减少建设投资60%，节省运维成本50%，专业软件优化应用减少购买投资50%，等。

例2：当采用梦想云数据湖技术对油气勘探开发数据进行管理时，每年的数据损失可减少5%，节省数据查找时间70%，等。

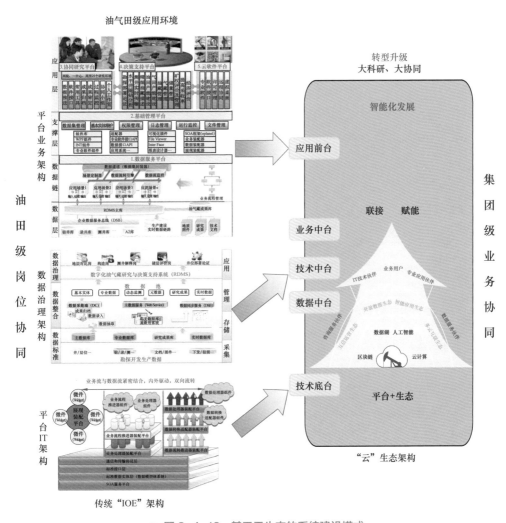

● 图 3-4-12　基于云生态的系统建设模式

　　例 3：当采用梦想云平台技术方案作为技术底台、数据中台、业务中台时，可减少系统建设成本 50%，节省系统运维成本 50%，应用系统建设加速 2 倍以上，等。

　　例 4：当基于梦想云平台构建油气管输业务应用场景时，风险预警能力可提升 30%，清管准确性提升 20%，油气输损率下降 0.05%，等。

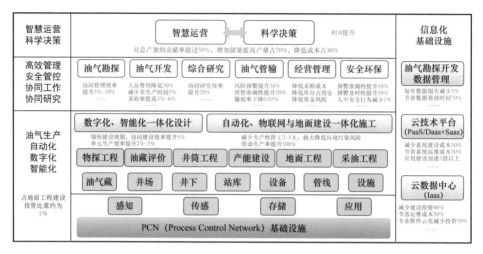

● 图 3-4-13　数字、智能与智慧油气田价值模型

4. 价值评价体系的未来

面对快速发展的数字化转型大潮，需要进一步提升对价值评价方法体系的认识和认知，提升在该阶段对价值引领、技术驱动、业务创新的认识，结合智能化、自动化、可视化技术，加强对新的价值评价方法体系研究和创建，形成与数字化转型智能化发展相配套的方法体系及标准，使之成为未来发展的固有能力，助力油气田智能化、高质量、效益化发展。

三　价值评价应用案例

1. 海外勘探开发信息管理系统建设

海外勘探开发信息管理系统（EPIMS）建设，包括勘探与生产技术数据管理（A1）、数字盆地系统（A6）、油气水井生产数据管理系统（A2）和采油与地面工程系统（A5）所涉及的油气勘探、油气开发、生产作业、地面工程、综合研究等业务领域，涵盖了本部与地区公司、项目公司和作业现场等多级管理。该系统自2017 年 8 月建成上线以来，通过"统一设计、集中建设、集成应用"，全面支撑了海外油气业务"生产、管理、研究、决策"闭环高效运行，提升了海外油气业务信息化管理水平。采用统一技术及应用平台（RF-EPAI®）技术，创建了统一数据库系统和上游业务集成应用环境，保障了分布于全球 30 多个国家与地区的两级行政、三级业务协同管控，促进了业务管理模式的提升，为海外数字油田建设和海外油气业务数字化转型奠定了坚实的基础。

下面就取得的部分价值点进行量化说明。

（1）节约项目建设投资：通过 A1/A2/A6 三个项目的统一设计、整合建设，在统一标准、统一数据库、统一技术平台以及软硬件招标集采、基础功能核减等方面共节省项目建设投资 1460 万元。

（2）提高工作效率：应用 EPIMS，每年为海外 43 个上游业务项目提供周、月报自动上报和汇总服务，将原邮件上报、数据人工校正的方式变为系统上报、自动汇总、流程化审核的数据驱动工作方式，建成前平均每个项目每年需要 164 人·天准备数据，建成后平均每个项目每年减少为 50 人·天，提高总体效率的同时，大大减少人工投入，仅人工费用一项每年产生的持续型效益为 $|50-164| \times 0.05 \times 6.2 \times 43 \approx 1520$ 万元〔其中，海外人工成本按 500 美元/（人·天）计算，美元对人民币汇率按 1 美元兑换 6.2 元人民币计算〕。

（3）提高决策效率：应用 EPIMS，本部勘探部、开发部等业务部门为局务会提供数据支持，节省了大量人工上传、填报数据、汇总数据的时间。应用前，局务会平均每年召开约 30 次，共涉及物探、钻井、试油、油气生产、工程建设、炼化、销售等 7 类业务，每次会议每类业务准备数据需要 3 人·天。应用后，直接通过数据接口为局务会系统提供数据，每次会议每类业务仅需 0.5 天核对检查数据，每年产生的持续型效益为 $|0.5-3| \times 0.2 \times 7 \times 30 = 105$ 万元〔其中，平均国内人工成本按 0.2 万元/（人·天）计算〕。

（4）数据资产保值增值：应用 EPIMS，管理海量的海外项目数据资产，避免了每年的数据资产损失。以往数据都保存于项目和个人计算机系统中，随着海外油气业务岗位人员的频繁轮换，数据得不到及时保护；EPIMS 应用后，海外勘探开发数据资产得到持续有效保护，有力保障了数据资产再利用，实现了数据资产的保值增值。以某个项目公司某年勘探投资 1000 万美元计，则该投资将基本上转移为由此所获得的数据资产价值，按每年数据损失率（主要因介质损坏所造成）为 2% 计算（国际公认标准为 5%），之后每年将减少数据资产损失价值达 1000 万美元 / 年 ×2% ≈ 20 万美元 / 年；若三年内持续保持这样的投资额度，则将减少数据损失（3-1）×20+（2-1）×20=60 万美元（其中，以当年投资所获数据无损失计算）。

（5）将上述部分可度量的各单项因素效益求和计算 EPIMS 自 2017 年 8 月至 2020 年 8 月共三年时间应用共取得的效益约为 3×（1520+105）+10×60×6.2+1460=10055 万元（其中，以 10 个拥有勘探业务的海外项目公司每年勘探投资 1000 万美元为基线计算）。并且随着系统应用年限的增加，产生的社会经济效益将持续增长。

2. 土库曼斯坦阿姆河数字气田建设

阿姆河数字气田的建成，在降低综合成本、事故发生率、人员伤亡风险、巡井成本和节约电能方面取得了一系列经济效益。

（1）通过数字气田二三维一体化平台建设，统一了底层数据库，实现了动静态数据的高质量管理以及与各业务系统的高度集成，消除了各业务系统间的信息孤岛，减少了数据应用差错率，大大提高了工作效率，降低综合成本 3% 以上。

（2）通过对网络和硬件的升级改造，提高了通信质量及信息安全性，大大降低了电话和网络租赁费用。

（3）通过设备装配、工艺流程模拟及应急演练可视化，提高了岗位培训质量，节约了培训开支。

（4）通过对设备设施腐蚀数据和危险源的动态监测，评估腐蚀情况及危险等级，有效降低了事故发生率和人员伤亡风险。

（5）通过对生产作业区的远程监控，实时掌握现场周边环境及生产情况，降低了巡井成本，保障了设备安全稳定运行。

（6）通过共享数据中心服务器资源，减少物理服务器采购 36 台，每年节约电能 12 万千瓦·时，并大大降低了维护成本。

3. 乍得项目公司数字油田建设

乍得数字油田一期工程初步建成一个集油田生产、管理、科研和决策于一体的数字油田。系统于 2019 年 12 月上线应用，通过油水井数据自动采集、生产动态集中监控，减少人工抄表时间；及时发现和处理异常情况，对油水井工况进行实时诊断，延长检泵周期，提高设备使用寿命；通过远程监控、视频监控与巡检管理系统相结合，降低人工巡井频率，减少人工巡井工作量；快速分析油水井动态，及时发现油井产量异常和产量递减异常，对油水井潜在的地质与工况问题进行识别，辅助油井措施类型优选，减少数据查询、汇总和分析时间，提高油田整体采收率；快速生成不同措施作业的方案，减少人工工作量，降低难度，提高效率。

（1）减少抄表时间：通过自动化实时数据采集分析结合现场视频，实现了对油田生产过程的实时监测与控制。建成前每天需要 30 人工时完成抄表工作，建成后每天数据自动传输，不需要抄表。每年产生的持续型效益为 |0-30|/24×365×0.05×6.2 ≈ 141 万元（其中，海外人工全成本与美元对人民币汇率同上）。

（2）减少巡井数据上传时间：通过远程监控、视频监控与巡检管理系统结合，提高了巡检质量，减少了数据上传时间。建成前每天需要 40 人工时完成数据上传工作，建成后可一键上传。每年产生的持续型效益为 |0-40|/24×365×0.05×6.2 ≈ 188 万元。

（3）提高工作效率：油水井方案在线辅助设计模块直接从系统调取数据，实现了方案的快速生成，用户方案编制效率约提升 70%。

（4）减少数据准备时间：数字油田系统中心数据库可提供油田、区块及油水井日常生产动态数据，用户数据准备时间约减少 90%。

（5）减少非生产时间，提高生产效率：基于数字油田数据监控，及时发现和处理异常情况，并且实现了电泵井、螺杆泵井、抽油机井及注水井实时工况诊断，对生产故障及时报警，提高设备运行稳定性，延长检泵周期，为油井安全稳定生产提供可靠的保障，每年每口井减少非生产时间 5% 左右。

（6）辅助措施类型优选：能够使用系统快速分析油水井动态，及时发现油井产量异常和递减阶段产量递减异常，并进行区块和单井递减率分析。对油水井潜在井问题进行识别，评价措施作业效果，辅助进行油井措施类型的优选。

第五节　梦想云应用方案

2018—2020年，中国石油连续三年发布了勘探开发梦想云建设成果，标志着梦想云平台从理念落地已走向成熟应用，助力中国石油油气业务驶入数字化转型智能化发展快车道。

中国石油勘探开发梦想云平台，打造了通用的技术底台和面向行业共享的"数据＋技术＋业务"强大的能力（服务）中台，面向应用集成、业务场景和业务定制，构建了开放、共享的应用前台，支撑上游全业务链数据互联、技术互通、业务协同，助力业务生产运行、管理、决策和创新的数字化转型与智能化发展，形成了共创、共建、共享、共赢的信息化新生态。

按照中国石油数字化转型框架方案，坚持"价值导向、战略引领、创新驱动、平台支撑"总体原则，从业务发展、管理变革、技术赋能三大主线实施数字化转型，通过工业互联网技术体系建设和以云平台为核心的应用生态系统建设，打造"一个整体、两个层次"数字化转型战略架构。

一　中国石油数字化转型框架方案

1. 业务发展主线

在集团层面，一是开展油气业务链协同优化；二是协同科研与创新。

在主营业务领域，一是打造智能油气田，以感知、互联、数据融合为基础，实现生产过程"实时监控、智能诊断、自动处置、智能优化"的油田业务新模式。二是打造智能炼化，重点提升炼化企业的感知能力、分析优化能力、预测能力、协同能力，构建以高效供应链、精益化运营、安全化工控、互联化运维为特色的智能炼化新模式。三是打造智慧销售，充分借助物联网、大数据、人工智能等数字化技术，按照新零售理念，推进成品油零售业务转型升级，构建人、车、生活生态圈，实现"智慧化销售、数字化运营、一体化管控"目标。四是打造智能工程，构建钻井工程全生命周期智能支持平台，全面提升工程作业风险管控水平、工程质量和运行效率；建立智能井筒，实现钻完井全过程地面/井下远程实时透明化监控；打造包括智能钻井和数字化地震队在内的智能作业现场。

2. 管理变革主线

一是进行组织和体制变革，以及管理层级扁平化改革，建立适应快速变化的柔性组织，实现服务组织的专业化，持续深化管理体制改革，加快人力资源的数字化转型；二是进行管理系统变革，按照数字化思维重塑经营管理和综合管理架构与流程，建设相应的数字化支持体系；三是实现全球服务共享，充分发挥数字化优势，持续推动专业化服务共享，深化财务、人力资源等服务共享能力建设，逐步扩展到物资采购、客户服务、法律合同、信息技术等领域，实现专业技术人员集中共享。

3. 技术赋能主线

着力完善"一个整体、两个层次"的信息化建设总体框架。"一个整体"，即建设中国石油统一的云计算及工业互联网技术体系，包括总部"三地四中心"云数据中心和统一的智能云技术平台，构建统一的数据湖、边缘计算等技术标准体系，以及适应云生态的网络安全体系。"两个层次"，即支撑总部和专业板块两级分工协作的云应用生态系统建设，基于统一的云技术架构，集团层面组织开展包括决策支持、经营管理、协同研发、协同办公、共享服务支持等五大应用平台建设；十大专业分公司组织开展以生产运营平台为核心的专业云、专业数据湖以及智能物联网系统建设，重点构建适应业务特点和发展需求的数据中台、业务中台及相应的工业APP应用体系，为业务数字化创新提供高效数据及一体化服务支撑。

基于中国石油数字化转型框架，中油国际海外油气业务数字化转型首先从平台转型和数据湖数据生态着手，为业务转型奠定基础。

二 平台成果复用

梦想云平台按照"一朵云、一个湖、一个平台、一个门户"的顶层设计，打造了多云共生的梦想云架构，改变了以往面向领域或专业的信息化分散建设模式；采用 PaaS 云平台技术，构建了通用的技术底台（iPaaS），向下实现对基础设施资源（IaaS）的管理、智能调度与共享，向上满足各种微服务组件或应用对资源应用的弹性需求；研发了面向油气业务的数据湖技术，构建了勘探开发标准统一的数据连环湖，形成了强大的数据中台（dPaaS）能力，消除了数据和信息孤岛；引入了开源的、面向技术开发与应用的技术中台（tPaaS），包括大数据、AI 算法、VR、AR 组件等；研发了面向专业领域和专业应用的业务中台（bPaaS），包括地震中心、井筒中心、油藏中心、采油气中心、项目中心、协同研究等专业软件、图形组件、专业工具组件等，全面支撑面向新业务应用的敏捷式开发、传统业务应用的快速改造、集成与云化（aPaaS），形成了梦想云开放、可持续积累的共享服务中台（sPaaS）和应用前台（SaaS），构成了可复用的强大能力和开放共享的数据生态、技术生态、能力生态、应用生态与运营生态，与传统的信息化建设条块化、长周期、低水平、低复用模式形成了鲜明对比。通过统一身份认证和门户系统建设，支持多种终端接入和个性化功能与应用定制，实现"多人多面、千人千面"的应用模式。具体参阅《勘探开发梦想云——梦想云平台》。

遵循中国石油数字化转型战略架构，基于海外经营管理、智能综合管理、一体化运营管理的总体需求，按照中油国际一体化运营管理转型构想和多快好省的建设原则，建设海外油气业务区域湖，与中国石油数据主湖形成连环湖架构；充分利用中油国际已投运的稳健的资源底台和中国石油在建通用 PaaS 底台，特别是要复用梦想云面向勘探开发业务历经 5 年打造的强大的能力中台和包容、共享的应用前台，快速搭建海外油气业务"一云、一湖、一平台、五大场景多融合"（图 3-1-4），形成对海外油气业务数字化转型的强大支撑能力。

主要实施策略如图 3-5-1 所示。

● 图 3-5-1　海外油气业务"一云、一湖、一平台、五大场景多融合"实施策略

三　海外区域湖建设

平台化是数字化转型的基础，业务数字化是数字化转型的前提。建设海外油气业务区域湖和数据中台，一方面有序汇聚海外油气业务数据资产，支撑五大场景业务应用；另一方面通过数据中台可以更好地支撑海外油气业务数据治理、数据安全管理、数据质量提升和数据价值挖掘，促进海外油气数据价值的保值、增值与拓展，助力突破油气业务发展中的瓶颈，降低海外油气资源数据的采购成本，实现资源的复用与共享，推进油气业务数字化快速步入"厚平台、薄应用、模块化、迭代式"的敏捷发展模式，更好地赋能油气勘探开发价值链向高质量和高效益方向发展，驱动企业的业务模式重构、管理模式变革、商业模式创新和核心竞争力的提升。

下面给出了区域湖与数据中台应具备的主要能力和数据生态建设目标（图 3-5-2），其中，主要能力与目标包括但不限于汇聚数据、管理数据、治理数据，以及数据分析、数据洞察、数据完善、应用开发、可靠共享、资产价值增值、知识创造等。

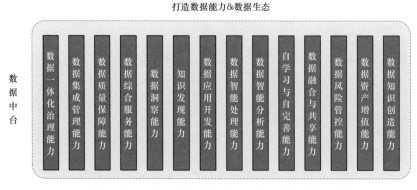

打造数据能力&数据生态

数据中台

数据生态

数据一体化治理能力　数据集成管理能力　数据质量保障能力　数据综合服务能力　知识洞察能力　数据发现开发能力　数据应用开发能力　数据智能处理能力　数据智能分析能力　自学习与自完善能力　数据融合与共享能力　数据风险管控能力　数据资产增值能力　数据知识创造能力

汇聚—管理—治理—分析—洞察—完善—开发—共享—增值—创造

图 3-5-2　海外区域湖与数据中台能力和生态建设目标

　　根据海外油气业务的特殊性，需要在多语言、多量纲、全球大地坐标系统等方面，对区域湖数据模型 EPDM V2.0＋以及数据交换标准 EPDMX 进行扩展；面对同一区块，还要同时满足资源国、联合公司与中方公司各自的应用需求，特别是在环境保护、人员安全、油气资源量及产量等共同的利益关切方面更要优先处理好个性化应用问题。梦想云"区域湖＋云平台＋定制化应用"的模式，为解决上述问题提供了敏捷方法。

　　对海外项目公司原有的数据库及应用系统进行升级改造，一是扩展本地数据库系统的应用能力，包括为其建立高速索引，利用知识图谱技术建立领域知识库，通过大数据技术等构建数据分析与洞察功能，通过 AI 技术应用建立实时预警与预报模型库等数据增值服务能力等；二是将相关成果同步到海外区域湖，以便对数据资产进行更深度的分析与价值挖掘；三是对原有应用功能进行升级和功能扩展，一方面满足项目公司的管理与决策需求，另一方面满足中油国际宏观管控、投资分析等科学决策需求，如图 3-5-3 所示。

　　重构海外区域湖与应用体系。海外区域湖一方面作为集团主湖的重要补充，并与主湖形成数据连环湖体系架构，便于海外数据资产的有序积累和共享应用；另一方面，作为数字化转型中数据中台能力创新的载体，为海内外业务高效协同与智能化创新发展奠定基础，如图 3-5-4 所示。

● 图 3-5-3　海外项目公司数据库及应用系统的升级改造

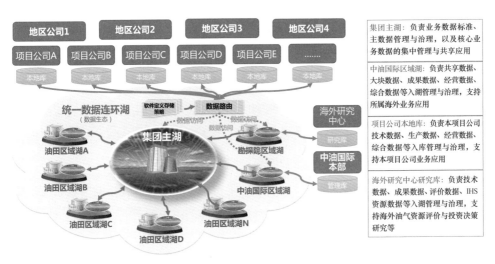

● 图 3-5-4　海外区域湖与应用体系架构

四 **预期效果**

通过数据湖和中台能力建设，支持快速构建面向体系管控、勘探开发、炼油化工、管道运营、投资贸易五大共享业务的应用场景。例如，在勘探开发领域，除快速升级满足海外三级油气生产管理的功能外，还可复用国内已建面向油藏地质、油藏工程、采油气工程的协同研究环境，通过研究工作室或决策主题，将人员、数据、软件、工具、成果、知识等资源与业务流程进行有机整合，支持构建面向项目、岗位、人员和场景的通用与个性化应用环境，如图 3-5-5 所示。

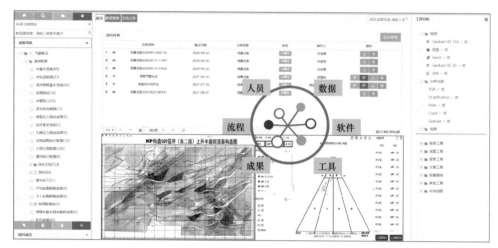

● 图 3-5-5　数字化转型中台战略的相关效果（以协同研究为例）

梦想云的应用实践表明，稳健的资源底台，强大的能力中台和健康、包容、共享的应用前台，是支撑数字化转型的"三驾马车"，将带领企业驶入数字化转型智能化发展的快车道，助力油气田企业向高质量、效益化发展。

随着数字化与智能化技术的不断演进，平台在不断升级迭代，业务场景在不断扩展，业务创新在不断涌现，数字化转型的价值取得也由现有的业务范围扩展到业务运营生态范围，并成为数字化转型和数字经济新的价值增长点。

面对数字经济的高速发展，企业需要进行数字化转型升级，并在战略规划、项目组织、投资管理、审批流程、价值评价等方面进行大的调整，才能适应数字化转型智能化发展的时代要求。

第六节　现有系统升级改造方案

紧密围绕中油国际制定的海外油气业务发展战略，遵循海外信息化总体规划，在中油国际信息化总体蓝图的指导下，依托梦想云开展油气勘探开发等业务的数字化转型、智能化发展建设，对已建业务应用升级及扩展。

基于梦想云数据湖标准与中台建设成果，下面分别以 EPIMS 云化升级、阿姆河数字气田升级、乍得数字油田深化应用与应用扩展为例，介绍中油国际本部与项目公司现有系统的升级改造或扩展方案。

一　EPIMS 云化升级

海外勘探开发信息管理系统 EPIMS V1.0 于 2017 年上线运行，在中油国际本部、地区公司和项目公司部署并应用。然而，随着业务管理的深入、数字化转型智能化发展的需要以及数字化技术的广泛应用，为了适应新型国际化油公司建设的要求，需进行 EPIMS 升级改造。其基本思路是，以中油国际"十四五"信息化规划为指导，以 EPIMS V1.0 建设成果为基础，结合海外勘探开发业务管理实际需求，开展 EPIMS 云化和升级建设。

EPIMS 升级改造目标旨在面向中油国际本部、地区公司、项目公司、联合公司多层级用户，建立海外勘探开发一体化运营平台，实现勘探、开发、生产全业务流程数字化、网络化、平台化运行，勘探、开发、生产业务流程互联互通、有机结合，以及中油国际本部、地区公司、项目公司组织间共建共享、高效协同，助推IT 项目建设和应用模式转型，支撑、驱动中油国际油气业务的数字化转型、智能化发展。

图 3-6-1 为 EPIMS 升级总体构架图，主要包括以下三个方面的升级内容。

1. 云化升级 EPIMS 应用

面向中油国际本部和地区公司的油气勘探、油气开发、生产运行和地面工程等用户对象，扩展业务应用场景，重构、升级 EPIMS V1.0 应用，形成 EPIMS V2.0 勘探开发业务应用，包括扩展勘探管理、开发管理、生产运行管理、地面工程管理、综合管理等功能；面向项目公司（联合公司）新增的油气藏数字化管理、

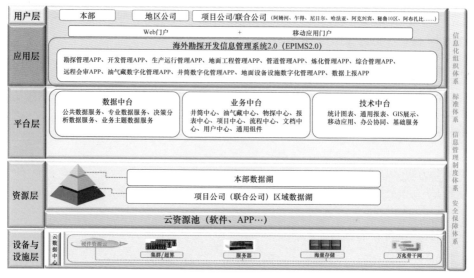

● 图 3-6-1 EPIMS 升级总体构架

井筒数字化管理、地面设备设施数字化管理等功能；为用户搭建业务流程管理、业务一体化管理、可视化展示、大数据分析、智能搜索、知识管理等应用，增强信息共享水平，促进跨管理层级之间、跨专业之间以及甲乙方之间的协同工作，提高业务工作效率，提升精细化管理水平。

2. 依托中国石油梦想云平台，升级 EPIMS 技术平台

依托、共享中国石油勘探开发梦想云平台及其成果，重构、升级 EPIMS 的 IT 技术构架，建设海外业务中台和数据中台，通过公共服务、集成服务和组件支持企业资源服务目录建设，支撑迭代式快速业务应用开发，利用中台服务封装、构建 EPIMS V2.0 应用功能，提升勘探开发一体化管理应用开发效率和需求敏捷响应水平。

3. 升级数据库，建设数据湖

升级数据库建设数据湖的基本工作思路：升级海外勘探开发数据库，扩展数据范围，包括钻井数据、录井数据、试油数据、工程费用、油气生产业务数据、方

案设计数据、来自第三方系统的专业数据等，以中油国际本部的勘探开发数据库为基础建设本部数据湖，以项目公司已有数据库，如勘探开发数据库、生产动态数据库、设备设施数据库等为基础建设项目公司区域数据湖，实现勘探开发数据在中油国际本部、地区公司、项目公司之间互联互通与共享应用。

二　阿姆河项目公司数字气田系统升级

1. 数据自动化采集与监控系统升级

扩展自动化数据采集范围，打通生产网到办公网的数据通道，实现工控实时系统和生产运行与管理系统数据共享。推进实时数据快速分析及应用，支撑实时报警预警、协同工作、生产优化、应急与安全管理、快速决策等。

2. 数据生态建设

搭建阿姆河气田数据生态，建设阿姆河气田统一数据湖，基于统一的数据标准、构建流程管控、统一存储、全局共享的数据生态环境。从以流程为核心的管理体系转变成用数据驱动业务的运营模式。实现"一次采集，全局共享"的数据模式，构建数据管控流程，实现良性循环。

3. 生产智能化发展

基于数字气田建设升级改造气田生产运行与分析、生产管理、应急管理、辅助决策支持等应用。新增建设成果共享与决策支持平台、物料全生命周期管理、重点设备实时监测与预测性维护管理、地面工程数字化移交等应用，实现数字化转型，助推智能化发展。

4. 生产经营管理一体化

以 ERP 系统为核心的经营管理系统建设，实现跨业务流程整合和信息共享，促进经营业务从分散管理向集中管控转变。通过 ERP 与数字气田生产管理结合，实现生产运营动态实时跟踪、多维度量化分析建设成效及生产运营效益分析，尤其是现有气田的特种大型设备监控方面，打通计划、采购、仓储、消耗等供应链数据，实时检索库存信息，实现物料的全生命周期管理。

5. 基础设施云化升级

遵循资源国以及中国石油相关法规规定和标准规范，优化海外网络基础架构，升级数据中心基础设施，采用物理隔离、域间防护的设计理念，实现办公网与生产网安全对接。对现有网络访问机制进行升级完善，并提供有线、无线、3G/4G、卫星等多种接入方式，支撑业务数字化转型、智能化发展，实现办公终端的安全接入和网络敏捷化管理。构建完成项目公司级数据中心，共享服务能力逐步提升，全面云化部署基本实现，云存储、云计算、云服务安全可靠，信息安全防护体系完备、平稳运行。

6. 统一的技术平台建设

基于 PaaS 平台、微服务框架，打造安全稳定的统一技术平台、一体化的运维平台、共享服务的应用平台、共创共赢的运营生态。

通过数字化转型智能化发展，公司初步实现基于云计算的应用服务，基于平台化、流程化的管控机制，初步建立面向业务的灵活定制能力、可持续发展能力，初步具备快速响应业务需求和业务应用的敏捷实现能力。

三 乍得项目公司数字油田深化应用与应用扩展

1. 数字油田深化应用

基于数字油田一期建设成果，结合数字油田二期、三期建设计划，运用云计算、大数据、人工智能、移动应用、社交工具等先进、适用的数字化技术，聚焦上游项目公司提高采收率、提高产量、安全环保、降本增效，开展数字油田深化应用建设。

持续加大生产现场自动化、数字化改造，提高物联网应用水平，实现生产实时数据自动采集、生产自动监控、生产工况诊断、故障预警，提高自动化和智能化的生产监控水平。

在油气勘探、开发业务领域，建设油藏精细管理环境，打通动态数据库与油藏专业软件的数据推送通道，建立油藏模型知识库，实现油藏智能化管理，支持分层注水动态监测与优化调整、开发方案调整和新井部署，提升油藏采收率。

2. 一体化共享平台

通过数据治理实现生产经营数据的统一管理、充分共享，基于统一的数据标准构建、流程管控、统一存储、全局共享的数据生态环境，建设统一数据中心（数据湖）。探索构建勘探开发知识图谱，支持数据洞察与智能检索，提供大数据分析能力，打造数字化、智能化技术应用。

勘探开发业务数据及成果等信息共享，构建成果共享与决策支持工作环境，支持勘探开发、生产运行、经营管理等业务的协同、共享与决策支持。

以 ERP 系统优化升级为核心，实现项目公司的产品分成协议（PSA）项目、矿税制项目经营管理的一体化、集中管控。其主要任务是加强部门业务在线集成应用能力，开展跨领域、跨区域、跨环节集成运作，实现油气上游业务集物流、资金流和信息流的三流合一；打通生产管理系统、行政管理系统（例如 OA）与 ERP 系统的数据对接通道，保证各部门在统一平台上协同工作；ERP 各功能模块深化应用，支撑项目公司业务精细化管理和规范化运作，实现经营管理全过程控制。

3. 数字化管道

运用北斗、移动应用、GIS、大数据、人工智能等技术，基于管道信息化建设成果，完善管道实时数据采集监测及上传，支持实时采集数据和管道运行预警信息的实时共享，支持管道运行与安全环保实时监测、智能预警及诊断，确保管道安全平稳运行。

第七节　尼日尔项目公司数字化转型建设方案

随着国家数字化进程逐步推进，中国石油对数字化转型智能化发展作了重点部署。中油国际高度重视尼日尔项目公司数字化和信息化的建设，并将尼日尔项目公司列为数字化转型智能化发展的试点单位，鉴于尼日尔项目公司当地人文地理环境的挑战和项目公司业务快速发展的需要，项目公司各油田整体运营数字化转型智能化发展迫在眉睫。

一　数字化转型基础

尼日尔项目公司数字化转型方案以中油国际"十四五"信息化总体规划、尼日尔数字化成套服务成果、中国石油数字化转型成果为基础进行编制，定位"业务主导、信息协同"，以用户为核心，充分挖掘用户需求，形成务实、成熟、实用、高效的数字化转型实施方案，打造海外油田数字化转型示范工程。详见图3-7-1。

二　原则和标准

（1）遵循中国石油"一个整体、两个层次"和中油国际的信息化顶层设计要求的原则：围绕中油国际业务战略，深化《中油国际信息化顶层设计》，以"十四五"规划为指南，充分利用中国石油平台资源，促进海外数字化运营。

（2）总体设计，分步实施：坚持顶层设计的统领性、整体性、可操作性，坚持分步实施原则，突出重点、急用先建、以用促建，坚决杜绝重复建设。

（3）以用户为中心，坚持深挖业务需求的原则：坚持业务主导、问题导向，突出发展目标、突出主营业务、以用户为中心，敏捷响应、持续优化，真正把用户体验放在第一位。

遵循"十四五"信息化总体规划要求

勘探开发类联合公司
"十四五"信息技术总体规划

（现状与需求）

中国石油国际勘探开发有限公司

2020年01月

继承尼日尔数字化成套服务成果

参考中国石油数字化转型成果

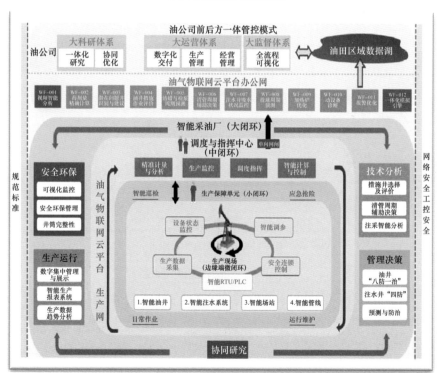

● 图 3-7-1　尼日尔项目公司数字化转型基础

（4）坚持效益优先的低成本方向，务求实效的原则：坚持效益优先，使信息技术服务企业业务战略，促进企业整体效益的提升。

（5）先进与成熟并举：把握国际信息化发展趋势，采用主流先进技术，确保顶层设计的先进性。

三　总体蓝图

紧密围绕中油国际制定的海外油气业务发展战略，遵循海外信息化总体规划，在中油国际信息化总体蓝图的指导下，按照共享发展思路，重点围绕设备与设施、数据资源、平台、应用及用户，勾画数字化转型智能化发展建设蓝图，制定分阶段实施路线。详见图3-7-2。

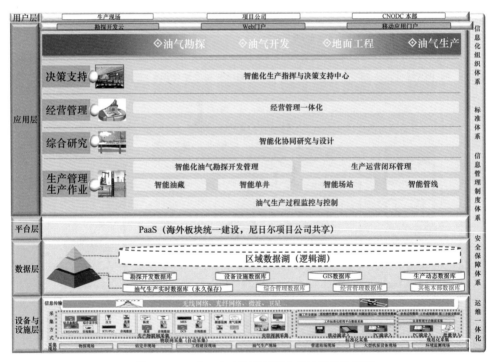

● 图3-7-2　尼日尔项目公司数字化转型总体蓝图

尼日尔数字化转型总体蓝图共分为五层，分别是设备与设施层、数据层、平台层、应用层和用户层。其中设备与设施层主要负责数据自动化采集与远程控制；数据层主要作用是数据存储，并为上层应用提供数据服务；平台层是基于 PaaS 云平台，提供业务平台、数据中台、技术中台等服务；应用层主要是为用户层提供生产管理与生产作业、综合研究、经营管理和决策支持等应用。

四　应用架构

尼日尔数字化转型建设方案，规划油气生产过程监测与控制、智能油气藏、智能单井、智能场站、智能管线、智能化油气勘探管理、生产运营闭环管理、智能化协同研究与设计、经营管理一体化、智能化生产指挥与决策支持中心等 10 类应用场景，满足现场作业与管理、后方管理与研究、企业经营、决策支持等数字化、智能化运营与管理的需要。详见图 3-7-3。

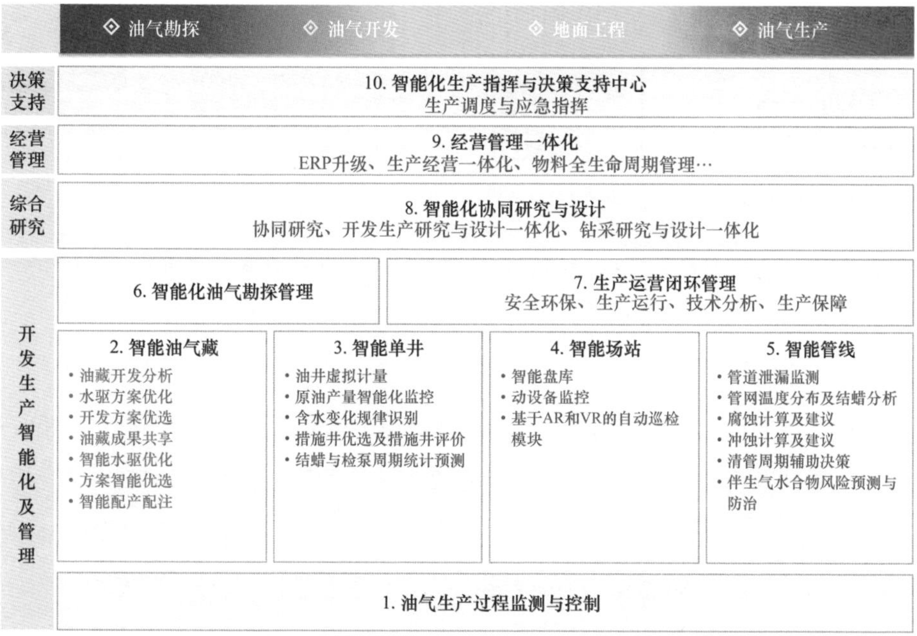

图 3-7-3　尼日尔项目公司数字化转型应用架构

1. 油气生产过程监测与控制

基于数字油田一期建设成果，应用物联网、大数据、云计算、人工智能等新兴的信息技术，实现对油田新投产井生产过程的实时数据采集、监测、传输、存储、预警及自动控制，从而提升生产自动化水平与安全管控能力，优化生产管理流程，降低生产成本，提高生产效率，全面支撑油田的勘探开发、生产管理和辅助决策业务工作。详见图3-7-4。

● 图3-7-4 油气生产过程监测与控制系统建设应用场景图

2. 智能化生产

利用大数据和人工智能技术，对油藏各类特征属性参数进行统一标定分析，建立适合不同油藏类型、不同开发阶段的油藏分析、预测、优化模型。在可视化场景下结合多个关联因素对开发生产过程中异常和疑难问题进行智能分析优化，实现生产动态分析、开发方案优选、油藏成果共享、智能配产等，提升决策效率。

在物联网云平台中建立单井生产过程中各类预警、生产优化、生产预测及评价的方法与模型，利用大数据等分析技术，对生产参数进行主动预警、智能诊断。对生产参数实时优化并进行远程智能调参，利用量价分析方法实现单井生产效益、措施效益评价，以及单井的"一井一策"动态管理。突出体现全面感知、预警预测、分析优化能力。详见图3-7-5。

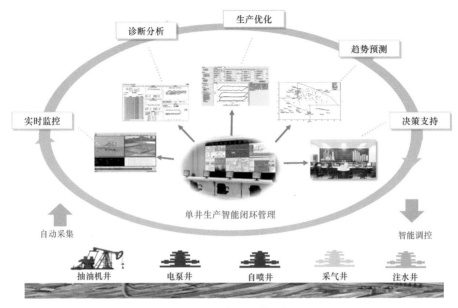

● 图 3-7-5　智能单井业务场景

通过运用增强现实（AR）、虚拟现实（VR）智能设备和先进传感器等技术与设备，在物联网云平台中实现智能场站的自动智能盘库、动设备监控和自动巡检。提高现场工作效率，保证设备安全稳定运行。

在物联网云平台中基于负压波技术和管网模型仿真模拟技术实现智能管线建设，提高管线生产运营智能化水平，增强管道泄漏检测能力，提高管输效率。

利用大数据、云计算等先进技术，基于勘探开发相关研究成果与统一技术平台实现甲乙方之间成果及时共享，从远程或乙方专业软件中获取各类研究与设计成果，将研究与设计成果自动推送到项目公司主流专业软件中，上传至服务器归档供其他专业人员使用，并将成熟的研究成果形成案例库，指导勘探开发。

对于油气勘探，项目公司将重点通过物探管理、钻井管理、试油管理、数字井史等应用功能建设，实现智能化油气勘探管理。

3. 生产运营闭环管理

生产运营闭环管理在物联网云平台中建设系列化的模块，如设备智能管理、视频智能分析、油井工况诊断与监测、油井流动保障、措施作业及效果分析、辅助决策、生产动态分析、优化模型、决策支持等。最终，将尼日尔项目公司作为一个整体，形成闭环控制的生产运行管理体系。

4. 智能化协同研究与设计

以油藏为中心，集成实时数据、静态数据、各专业研究成果、设计成果，构建勘探开发一体化协同研究与辅助决策工作环境，以油藏综合研究为服务目标，简化数据收集、整理和格式转换流程，建立企业数据到专业软件一键式推送通道；规范研究成果管理，将研究成果形成案例库，智能推荐相关研究成果，实现智能化协同研究与设计。

5. 智能化生产指挥与决策

对所有自控系统进行集中管理，实现对油气井（Producing Well）、增压站（BS，Booster Station）、原油脱水站（DS，Dehydration Station）、计量间（OGM，Oil Gathering Manifold）、接转站（FPF，Field Production Facility）、联合站（CPF，Central Processing Facility）等井和场站生产的实时数据监控、报警提示、报警综合管理、报表查询、历史数据跟踪、计量管理、物联设备管理等功能；实现远程巡井，无人值守；实现视频联动，安全感知；实现设备统一管理，提高巡检和维护能力，提升安全应急管理能力，保证油田安全经济运行。

6. 经营管理一体化

利用新一代的数据仓库技术，打通 ERP 与生产管理系统，建设经营管理统一平台，面向不同层级管理决策者，构建生产管理指标体系，提供关键生产经营指标的综合展示与分析。利用数据驱动，优化生产经营管理决策，并结合人工智能技术，建立不同业务场景下的最优决策模型，辅助用户决策，提高决策效率。

六　预期成效

通过推进数字化转型智能化发展，尼日尔项目公司将持续优化生产过程，实现全方位、全业务链的协同工作，物联网、人工智能等技术与油田生产运行、经营管理和生产决策全面深度融合，形成新型生产管理模式，促进企业智能运营。优化资源配置，重塑业务价值链，促进业务流程再造、生产组织优化，提升管控能力，形成生产精益化、经营网络化、研究一体化、决策智能化的海外智能油田建设标杆。具体主要表现在以下方面。

智能生产：油气生产过程监测与控制、智能油气藏、智能单井、智能场站、智能管线，实现生产全过程智能联动与实时优化；实现设备智能管理、视频智能分析、油井工况诊断与监测、油井流动保障、措施作业及效果分析、优化模型、决策支持等生产运营闭环管理。

安全生产：及时发现安全隐患，从而降低、避免安全事故的发生，减少人员及设备设施安全风险。

经营管理一体化：对经营管理中的财务管理、物料管理、设备管理、预算管理、人力资源管理等内容进行完善实施；实现成本体系、效益分析等管理报告的深入开发，提高工作效率及决策水平。

强化管理：规范工程项目运营管理，固化标准化流程，提升管理水平的同时保障中方利益。

降低成本：油气生产物联网系统建设可大幅降低油井运维成本30%，提升数据自动获取效率，并可减少人员用工，实现减员增效，降低企业的人工成本，从而降低公司整体运营成本。

提高效率：智能单井建设预计可使油井泵效≥56%，采油时率≥98%；一体化经营管理平台可使人井比由现有的8.1降到2.5，人效提高69.8%，数据获取效率提高86%。

第四章
智能化发展

　　数字化转型是智能化发展的基础，智能化发展是数字化转型的高级形态。建立并形成面向全产业链、业务链、价值链的数字生态是企业数字化转型成功的首要标志。良好的数字生态是释放数字潜能、推动数字产业优势整合、数字资产深度研用、数字工业模式重塑、企业发展推陈出新、数字经济高效发展的重要支撑。

　　本章基于大数据、人工智能等智能技术在石油行业的应用及发展趋势，对中油国际油气业务智能化发展进行展望。

第一节　石油行业数字与智能技术发展趋势

数字与智能技术的高速发展对技术密集型的传统油气工业带来巨大冲击，并将带来行业的深刻变革。在数字化与智能化大潮中，中油国际充分共享中国石油梦想云成功经验和建设成果，快速构建海外"一云、一湖、一平台"，描绘了海外数字化转型与智能化发展新图景，助推中国石油海外油气田从数字油气田到智能油气田跨越式发展，为中国石油海外油气业务降本、提质、增效和高质量、绿色、健康发展创造良好的数字与智能发展环境，为打造海外油气业务新型的数字经济体系、持续增强中油国际核心竞争力奠定基础。

一　能源行业发展趋势

气候变化是国际社会普遍关心的重大全球性问题，全面应对全球变暖等地球气候变化已成为全人类的共识，节能减排、低碳经济、绿色发展等已成为诸多国家的基本国策。

"碳中和"概念于1997年问世，这一最初由环保人士所倡导的理念，逐渐获得越来越多的民众支持，到目前已成为各国政府高度重视和实施的实际绿色行动。

中华人民共和国国务院2007年12月颁布的《中国的能源状况与政策》白皮书中明确指出，能源的大量开发和利用，是造成环境污染和气候变化的主要原因之一。正确处理好能源开发利用与环境保护和气候变化的关系，是世界各国迫切需要解决的问题。

2008年12月，中国发布了首个官方碳补偿标识——中国绿色碳基金碳补偿标识。

2020年9月22日，习近平主席向国际社会作出庄严宣示："应对气候变化《巴黎协定》代表了全球绿色低碳转型的大方向，是保护地球家园需要采取的最低限度行动，各国必须迈出决定性步伐。中国将提高国家自主贡献力度，采取更加有力的政策和措施，二氧化碳排放力争于 2030 年前达到峰值，努力争取 2060 年前实现碳中和。"

在 2021 年 3 月 15 日由习近平总书记主持召开的中央财经委员会第九次会议上，将研究实现碳达峰、碳中和作为本次会议的一项重要议题，强调实现碳达峰、碳中和是一场广泛而深刻的经济社会系统性变革，是事关中华民族永续发展和构建人类命运共同体的大事，要纳入国家生态文明建设整体布局，要构建清洁低碳安全高效的能源体系，控制化石能源总量，着力提高利用效能，实施可再生能源替代行动。国务院总理李克强在 2021 年国务院政府工作报告中指出，要扎实做好碳达峰、碳中和各项工作，制定 2030 年前碳排放达峰行动方案，优化产业结构和能源结构。

据美国最新公布的《新兴科技趋势报告》，在未来的 30 年里，全球能源需求预计会增长 35%。我们则正在面临着一场能源革命，包括：（1）新的勘探开发技术，为人类添加了大量可开发的油田和气田。与此同时，可再生能源，比如太阳能和风能的价格也开始接近于石油，新一代的核反应堆设计宣称远比之前的更安全，产生的核废料也会更少。（2）使用清洁能源可以减缓全球气候变化，并带来了石油经济的消退。

未来，高效太阳能、电池技术、能源收集将成为代表性技术，新能源占比提高、高效氢燃料电池、原油价格下跌将成为现实。

发展清洁绿色环保能源已成为大势所趋，传统能源行业面临转型发展重大机遇与挑战。

二　能源转型行动计划

在全球性能源结构持续优化调整的大背景下，大型企业普遍采用可持续发展经营方式，纷纷制订碳中和目标和行动计划。碳达峰、碳中和与绿色低碳发展成为全球能源行业为之努力的目标。

2021 年 1 月 15 日，中国石油和化工行业联合签署《中国石油和化学工业碳达峰与碳中和宣言》，一致倡议并承诺：（1）推进能源结构清洁低碳化，大力发展低碳天然气产业，加速布局氢能、风能、太阳能、地热、生物质能等新能源、可再生能源，实现从传统油气能源向洁净综合能源的融合发展；（2）大力提高能效，加强全过程节能管理，淘汰落后产能，大幅降低资源能源消耗强度，全面提高综合利用效率，有效控制化石能源消耗总量；（3）提升高端石化产品供给水平，积极开发优质耐用可循环的绿色石化产品，开展生态产品设计，提高低碳化原料比例，减少产品全生命周期碳足迹，带动上下游产业链碳减排；（4）加快部署二氧化碳捕集驱油和封存项目、二氧化碳用作原料生产化工产品项目，积极开发碳汇项目，发挥生态补偿机制作用，践行"绿水青山就是金山银山"的发展理念；（5）加大科技研发力度，瞄准新一代清洁高效可循环生产工艺、节能减碳及二氧化碳循环利用技术、化石能源清洁开发转化与利用技术等，增加科技创新投入，着力突破一批核心和关键技术，提高绿色低碳标准；（6）大幅增加绿色低碳投资强度，加快清洁能源基础设施建设，加强碳资产管理，积极参与碳排放权交易市场建设，主动参与和引领行业应对气候变化国际合作。

一直以来，中国石油秉持绿色低碳发展理念，并加快研究确定碳达峰、碳中和发展目标、实施路径和行动方案，在2021年初中国石油工作会议上把"绿色低碳"纳入公司发展五大战略，积极探索绿色发展路径，加快碳中和林建设、推动CCUS技术发展，推进绿化经营、做强绿色金融等。中国石化与中国海油也相继提出并制订了各自的绿色发展行动计划。

数字与智能技术作为能源转型发展的引擎与助推器，技术型公司将发展可持续绿色能源目标下的建立新型生产力和生产关系及数字化能力作为首要任务。在推动数字化转型方面，国际石油公司都做了些什么？刘亮等（2021）给出了参考答案。

CCUS是 Carbon Capture, Utilization and Storage 的简称，意为碳捕获、利用与封存，CCUS是应对全球气候变化的关键技术之一，受到世界各国的高度重视。在 CO_2 驱油等方面取得进展，但在产业化方面还存在困难。随着技术的进步及成本的降低，CCUS前景光明。

2021 年 3 月 15 日，作为有史以来最大可再生能源企业采购商的亚马逊（Amazon）宣布了其在新加坡的第一个可再生能源项目，该项目是亚马逊在亚太地区的第五个项目。作为其在全球太阳能和风能项目投资承诺的一部分，在该项目中，亚马逊将与太阳能供应商 SuneapGrou 合作，达成一项长期协议，向新加坡电网出口 62 兆瓦清洁能源。该项目还将帮助亚马逊兑现其承诺的目标，即 2030 年前以 100% 可再生能源为运营和基础设施提供动力，2040 年实现整个业务的零碳净排放。

电子商务巨头阿里巴巴集团的金融技术分支机构承诺到 2030 年实现碳中和，通过技术创新减少排放，加入全球遏制气候变化以及减少其破坏性影响的紧急努力之中。利用其在实际应用中开发的区块链技术，探索将区块链解决方案应用于气候工作的方法，包括使用该技术跟踪碳减排过程。

在大公司可持续经营方式带动下，中小企业也将效仿。一方面应用于降低成本、改善现金流；另一方面在风险管理方面，将可持续发展的措施落实到位，并增强衡量和报告环境足迹的能力，有助于应对未来的商务风险。

三　趋势预测

全球权威 IT 研究与顾问咨询公司高德纳（Gartner）最新发布的 2021 年十大数据和分析趋势（图 4-1-1）可归入以下三大主题。

（1）加速数据和分析变革：运用 AI 创新、经过改进的可组合性以及多元化数据源的敏捷、高效整合。

（2）通过更有效的 XOps 实现业务价值的运营：优化决策并将数据和分析转化为业务的一个组成部分。

（3）分布式实体（人和物）：需要灵活地将数据和洞察力与更多的人和物联系起来，使人和物具有更强大的能力。

小　贴　士

XOps 可译为"无限运维"，即将各种过程都视为运维的过程，如 DevOps、DataOps、MLOps 和 AIOps 等。

加速变革	运营业务价值	分布式实体
1 更智能、更负责、可扩展的AI	5 XOps	8 图技术使一切产生关联
2 组装式数据分析架构	6 工程化决策智能	9 日益增多的增强型数据消费者
3 数据编织是基础	7 数据和分析成为核心业务功能	10 数据和分析正在向边缘移动
4 从"大"数据到"小"而"宽"的数据		

● 图 4-1-1　Gartner 2021 年十大数据和分析趋势

从上述十大趋势可以看到，其核心：一是让数据更有效、更智能，助推业务变革；二是将数据价值转换视为一种常态，激发业务活力，提升业务价值；三是将数字化与智能化技术向边缘端、消费端延伸，创造更多、更广泛的普适价值。

四　新技术发展

物联网、边缘计算、云原生、数字孪生、开源数据、CCUS、智能电网等无限可能性正待挖掘，在带来业务机遇和经济收益的同时，也为能源公平与安全，以及气候变化目标赋能，具有深远的社会意义。

壳牌（Shell）全球解决方案数据基础设计经理、OSDU™ 论坛主席 Philip Jong 在其 Mercury 开发和成果发布的简要总结时指出："目前能源行业面临这样一个现实——经济层面的挑战、向低碳社会的过渡和数据驱动的数字化转型三者交织，这一切都指向数据的重要地位。The Open Group 在数据架构领域的工作在提升成本效率、消除数据孤岛和激发创新等层面贡献卓著，而在低碳经济、能源转型和雄心勃勃的减排目标驱动下，OSDU™ 所扮演的重要角色日渐凸显。自 OSDU™ 论坛于 2018 年成立以来，目前已有接近 200 家会员单位，在 The Open Group 的框架下协作建立标准数据平台，持续驱动决策质量的提升和减排目标的实现。"

OSDU™ 作为一个基于标准、技术中立的开源数据平台，在 The Open Group 旗下 OSDU™ 数据平台创建之初，便以助力能源行业激发创新、实现数据管理产业化、推动新解决方案加速进入市场为己任。

从 20 世纪 90 年代能源流组织 Energistics（https：//www.energistics.org）初具雏形到 2018 年 OSDU™ 创建，能源巨头们从未停止以开源数据包驱动钻井数据融合，缩短学习曲线并产出新的业务机会。时至数字化转型在各个垂直领域如火如荼的今天，定义数据标准成为必需，面对外部不确定性，技术标准、新兴数字化与行业最佳实践的应用为解决业务和技术问题带来了新的希望，而这正是地下空间数据平台的存在意义，一个基于标准的开源平台将客户、供应商、用户以及生态链上的其他利益相关方紧密联系在一起，这是灵活性和源源不断的创新之关键。

OSDU™ 开放数据平台采取将多样化的能源数据整合到统一数据平台的策略，这些数据来源不仅包括石油天然气等传统能源，也包括风能、太阳能、氢能、地热能等新能源，以及与之相关的碳捕获、利用与封存，电网等，通过一套统一定义的 API 便可访问来自多个公司的数据并从中挖掘价值（图 4-1-2）。展望未来，这一能源多样化策略尤其重要。

在今后数年中，为满足不断增长的能源需求，需要采取多种能源并举的措施，将生产、预测、天气预报、需求预估等相关数据整合到一个平台上，并赋予平台相应的数字化能力，确保不同企业开发的应用均可无障碍使用，这将促进供求匹配，最大化利用新能源，确定成本效率最佳的能源组合，为应用开发营造良性的竞争环境并尽可能挖掘公共数据资源价值。

OSDU™ 开放数据平台优势

对运营者
- 减少开发与部署成本
- 加速新能力部署

对供应商
- 较低的市场门槛
- 为学术界开拓新市场

对所有人
- 加快行业数字化步伐和数据共享
- 促进成员之间以及与其他标准机构的合作
- 可扩展性—数据量、类型和用途

@The Open Group

● 图 4-1-2　OSDU™ 开放数据平台的优势

今后两年，OSDU™ 数据平台将逐步结合碳预测、能源交易、基于人工智能的应用、B2B 和 B2C 应用，构建数字孪生体。Mercury R3 的发布并不意味着大功告成，而是新一轮迭代的起点，R3+ 和 R3++ 将分别于 2021 年下半年和 2021—2022 年推出，在 R3 涵盖勘探、开发和油气井数据基础上（图 4-1-3），R3+ 将包括上游生产和钻井（图 4-1-4），而 R3++ 将进一步扩展至新能源，包括太阳能、风电站、氢能、CCUS 和地热能，在此基础上构建的工程数据平台（EDP）将关注井身结构、管线布置和仪器配置、电力设施、3D 工程建模、海洋钻井系统等，并且打通这些数据与前述地下空间和油气井、开采、CCUS、风电站之间的渠道。

随着传感器成本降低，数据体量爆发式增长，除能源种类的丰富外，平台还需要为日益膨胀的数据流提供实时支持。此外，由于平台的开源特性，敏捷度大幅提升，引入新能力的速度明显加快，数据不再被少数几家公司所掌控，而是向整个市场开放。基于开源的边缘层（Edge）可以有效降低时延，支持大规模数据流；同时，OSDU MarketPlace 将得到充分支持以助力企业开发和营销其产品

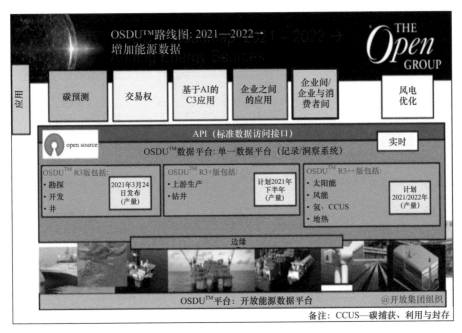

● 图 4-1-3　OSDU™2021—2022 路线图——增加能源业务

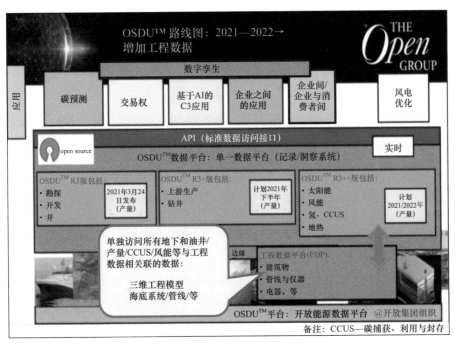

● 图 4-1-4　OSDU™2021—2022 路线图——增加工程数据

组合。OSDU™还将与国际油气生产商协会（IOGP）合作，将工程数据整合到OSDU™数据平台上，向运营商和业主呈现运行和工程数据全貌。但是OSDU™仍然是一个记录系统（SOR）而非数据仓库。作为开源和灵活的数据平台（包括数据模型），OSDU™数据平台几乎适用于能源及相关领域的任何解决方案，包括温室气体、电网开发、CCUS等。

从业务角度而言，OSDU™数据平台将通过内部和外部数据的实时访问、对大型实时数据流的完整支持、面向人工智能的优化数据平台及超越竞争对手的速度，为其使用者打造竞争优势。此外，更准确的能源需求预测将助力能源公司削减成本，而灵活和可配置的工作流意味着可以更精准地满足业务需求。

上述行业发展与新技术发展趋势，为海外油气业务数字化转型与智能油气田建设指明了发展方向，为智能油气田的智能油气藏、智能生产中心、智能运营中心、知识共享与决策支持中心建设奠定了技术发展基础。

第二节　构建更智能的油气环境

国内油气上游业务经过近二十年的持续建设，建成了业界领先的大型油气数据资源库（数据湖），为油气田智能化奠定了良好基础，有效地保护了勘探开发投资，成为企业的核心资产。初步建成了开放、可持续的上游业务数字、智能生态环境，助力勘探、评价、开发、生产全业务链的数字化、智能化、协同化与一体化发展，支撑上游业务的持续优化创新、科学智能运营、绿色健康发展，提升企业运营效率和创新能力，增强企业核心竞争力，开启了"智能＋共享"新时代。

梦想云平台助力油气上游业务向全面的数字化、智能化转型，加快智能油气田建设，让生产与管理更智能、决策更智慧。主要经验与做法包括：

（1）突出以业务流为核心的应用功能建设，改变以往按管理模式、组织边界建设信息系统的格局，强调流程打通与应用协同，为生产、研究、管理、决策类等前端、终端和后端用户提供应用环境保障。

（2）面向全业务链数据整合与共享，提供全局化的数据治理与管控机制提升数据质量，通过领域知识图谱、数据洞察等技术手段，进一步挖掘、发挥数据资产潜在价值，构建开放、便捷、安全的良性企业数据生态。

（3）支撑开放运营新生态，整合、融合本部统建、项目公司自建应用系统，支持与国际优秀 IT 技术提供商及石油专业服务商的开放合作，打造"开放、融合"与"多态、共享"的上游业务创新与运营生态。

（4）推进物联网、大数据、边缘计算、认知计算、区块链、人工智能等技术与油气勘探开发和经验管理等业务的深度融合。按照智能系统设计理念与方法，首先进行场景化设计，而后进行功能化设计，支持面向生产前端场景，即单井及生产设备设施（井、间、站、库、管线、HSE）的智能预警、自主操控、生产优化；支持面向业务中端场景，即油气藏及区块（作业区、采油气厂、油田生产管理单位等）的远程监控、智能预测、智能注采、智能优化管理；支持面向研究、管理与决策后端场景，即油气田（勘探、评价、开发、采油气工程等各领域）的智能研究与方案设计，向"油气智能发现—智能评价—智能生产—智能管控"目标迈进；支持面向辅助决策，即油气田企业（经营管理、科学决策业务）的智慧运营与决策分析。

下面，就如何构建智能系统的问题，以一个架构、两个案例场景进行阐述。

一　智能系统架构

1. 智能系统设计

面向智能油气田建设，借鉴"领域驱动设计"理念，对上游业务域进行总体设计，并按照油气田核心业务域"勘探—评价—开发—生产"或"五大领域""五大工程""六项研究"（见图 3-4-9）分别设计，或针对具体的业务痛点、难点问题进行智能系统设计。

在领域驱动设计理念中，首先领域指的是业务领域；其次在领域的划分上，要求同一个领域的系统要具有相同的核心业务，即所要解决的问题本质是类似的。因此，一个领域本质上可以理解为一个问题域，只要系统所属的领域确定，那么该系统的核心业务，即要解决的关键问题就基本确定了。通常情况下，要成为一个领域的专家（即业务专家），一定是要在该领域深入研究多年才行。一个领域有且只有一个核心问题时，被称为该领域的核心子域，其他问题可被划归为通用子域或支撑子域。在对核心子域、通用子域、支撑子域梳理的同时，会定义出子域中的"限界上下文"及其关系，用它来阐述子域之间的关系。其中，用限界上下文（即限定边界的上下文）来标识并分隔各子域或模型的适用性，使团队成员能够对必须一致的和可以独立开发的内容清楚地界定和分享。

基于领域驱动设计的方法，需要开发团队与领域专家共同确定问题域与业务期望，然后基于统一的建模语言，根据核心子域上下文确定相关联的通用子域和支撑子域，再按照各子域的上下文即关联关系（业务流与数据流）进行统一的战略设计，最后针对核心子域进行战术设计，包括：程序实现设计、编码、测试、重构与验证等，见图4-2-1。

围绕智能油气田"勘探—评价—开发—生产"价值链这四个核心业务域，图4-2-2给出了智能化阶段相关的技术域，包括但不限于：智能共享云平台、智能采集、智能传输、数据湖、智能算法、智能/智慧中心、互信共享、科学决策、智能操控以及基于5G的智能移动应用等。

小贴士

领域驱动设计（Domain-Driven Design，简称DDD）是一种开发思想体系，它是模式（战略模式、战术模式）、原则和实践的集合，可以被应用到软件设计中，以管理软件设计的复杂性，或使复杂的软件设计清晰化、条理化。DDD并非一种模式语言，它是专注于交付的一种协作思想体系，其中通信起核心作用，而要高效通信，就需要使用公共语言。DDD将侧重点放在以下几个方面：核心领域、协作、与领域专家探讨、实验研究以生成更有用的模型、对各种上下文的理解。

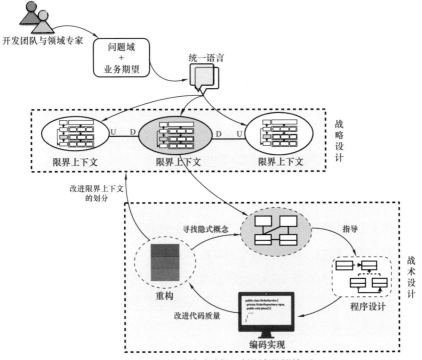

● 图 4-2-1　图解领域驱动设计思想体系
U—Upstream（上游）；D—Downstream（下游）

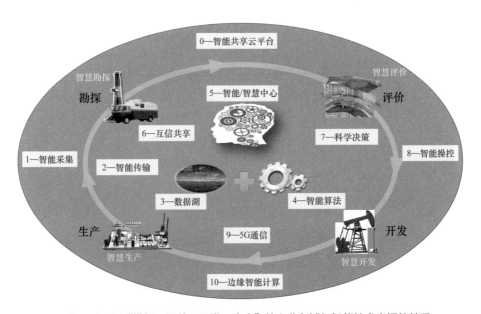

● 图 4-2-2　"勘探—评价—开发—生产"核心业务域与智能技术之间的关系

在智能化设计过程中，从战略设计阶段就应依照智能共享云平台业务中台已具有并可提供的业务能力功能，进行快速设计；在战术设计阶段更是要依托智能共享云平台中的数据中台、技术中台和业务中台能力进行敏捷设计与开发。

在对新业务、新功能进行智能化开发时，要充分考虑功能的组件化与微服务化，并将重用性高、可共享的新功能组件沉淀到对应的中台中，而将面向业务应用的交互性强、功能独立的模块或组件置于应用前台或应用场景中，从而形成"厚平台、薄应用、模块化、迭代式"成果积淀风格。

2. 智能系统架构方法

面向油气上游领域智能化开发，图4-2-3给出了基于智能共享云平台的智能化系统架构方法。其中，根据上游业务实际构成与业务流程，将核心子域划分为六级，第一级或最高级为科学决策，涉及技术决策、经济决策与投资决策等；第六级或最低级为生产作业级。图4-2-3中从第六级到第二级，由下到上，每一级都是上一级红字标识业务子域的展开。

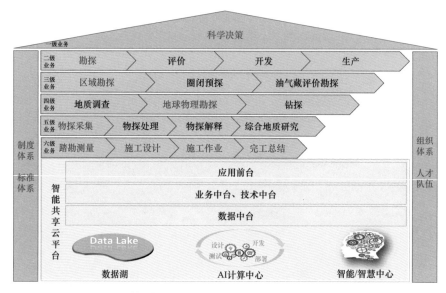

● 图4-2-3 基于智能共享云平台的油气上游业务智能系统架构方法

基于该架构和智能系统设计方法，可以有效开展智能系统的敏捷式迭代开发。类似的管道运营、炼油化工、投资贸易等业务，也可参照智能油气田的智能化建设方法加以实施。

　　下面，将通过智能勘探与智能生产两个系统的架构，阐述智能系统的运行机制。

二　智能勘探系统

　　为了构建智能化发展阶段油气勘探与生产业务域的智能应用场景，将基于智能共享云平台（梦想云），通过智能采集、智能传输、数据湖汇聚、智能分析等过程形成针对解决特定问题的模型，然后通过互信共享或安全验证机制，作用于业务域的边缘层，再通过边缘智能计算，指导智能操控，形成一个闭环智能管控过程。

1. 智能勘探系统构建路径

　　遵循油气上游业务智能系统架构与智能系统设计，图 4-2-4 给出了智能勘探系统的构建路径，主要包括采集—传输—汇聚—分析—决策—执行等环节的智能化过程。

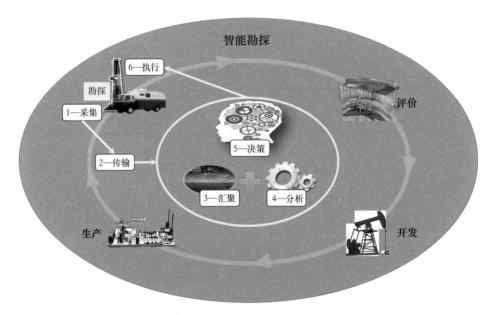

● 图 4-2-4　智能勘探系统构建路径

2. 智能勘探系统运行机制

仍以勘探中的物探业务为例，物探业务通常包括物探采集、物探处理、物探解释和综合地质研究等核心过程，与智能化过程六个环节的对应关系为：智能采集、智能传输支撑物探采集；数据汇聚、存储管理、数据处理与智能分析支撑物探处理；目标处理、智能分析支撑物探解释；智能分析与智能决策支撑综合地质研究；智能决策与执行指导进一步的滚动勘探。整个过程的智能化支撑勘探业务智慧化。

3. 智能化地震队案例

中国石油集团东方地球物理勘探有限责任公司（BGP）围绕油气资源勘探核心业务，在全球范围内开展油气陆上和海上勘探采集、资料处理解释、综合物化探、信息技术服务、物探装备、软件研发制造、多用户勘探、对外培训等业务，是国内较早采用全数字技术开展其核心业务的专业化服务公司。

采用云平台技术，将传统勘探采集、处理、解释、装备制造等业务与数字化、智能化等新兴信息技术进行深度融合，为企业数字转型和智能化发展拓展更广阔的生存和发展空间。其以云平台承载的物探采集智能化实施路径如图 4-2-5 所示。

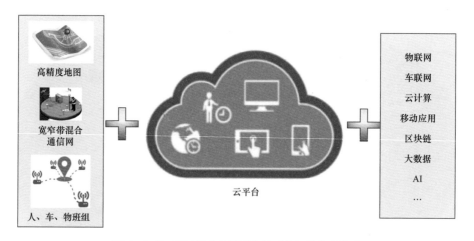

● 图 4-2-5　以云平台承载的物探采集智能化实施路径

以其物探地震采集作业为例，按照采集施工设计，首先要利用高精度遥感和无人机航拍数据，在 3D 电子地图上，模拟现场进行电子踏勘、激发与接收点位布设和偏移（绕开障碍物），按工程设计进行模拟施工，以便对工程设计进行模拟论证和改进完善，提高现场实际作业效率和安全性。利用高精度卫星导航定位和时间控制技术，配合节点采集仪器，在复杂地表区进行高效激发和无桩号施工，实现了24万道同步高效采集。

　　基于"物探智云"（图4-2-6）打造的智能化地震（船）队，以提升生产组织效率为目标，将地理信息、技术设计、生产管理、安全管理等数据标准化集中管理，以标准化接口为纽带，各专业班组或个体根据需求独立灵活接入，从而实现地震队高效生产管理和协同作业，如图4-2-7所示。

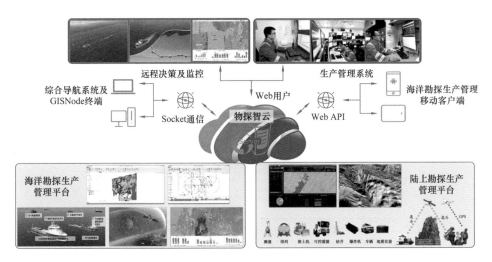

● 图4-2-6　"物探智云"总体架构

　　智能化地震队系统的应用有效支撑了国内外多个大型油气勘探项目作业，生产效率和施工安全得到大幅度的提高。

三　智能生产系统

1. 智能生产系统构建路径

　　图4-2-8给出了智能生产系统的构建路径，主要包括感知—传感—汇聚—分析—决策—操控等环节的智能化过程。

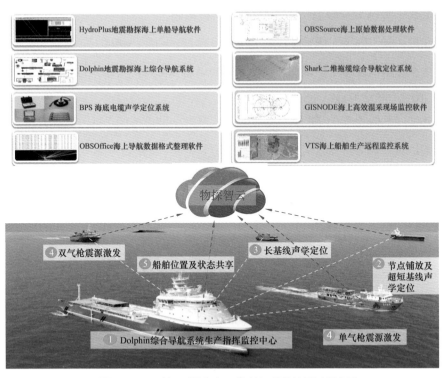

● 图 4-2-7　基于"物探智云"的智能化地震（船）队

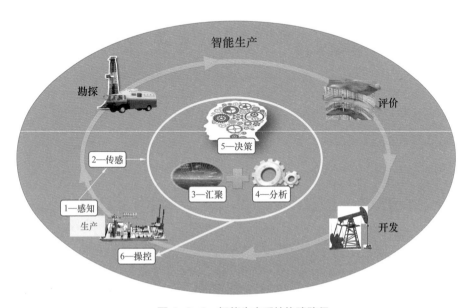

● 图 4-2-8　智能生产系统构建路径

2. 智能生产系统运行机制

油气生产的主要业务过程为：业务前端数据采集—数据传输—数据存储—数据分析与建模—模型传输—模型应用—前端分析—前端执行。主要数据流程为：感知—传感—汇聚—分析—决策—操控。涉及的技术域主要包括：智能采集、智能清洗、5G／物联网、数据湖、智能算法、智能分析与计算、模型管理、区块链、边缘智能、智能操控等，其中的区块链技术主要应用于数据、信息或模型的互信共享与安全应用验证过程。

3. 智能穿戴系统案例

昆仑数智"梦镜"是全球首款搭载 5G 模组的防爆增强现实 AR 智能头盔产品（图 4-2-9），该产品搭载北斗定位和高性能国产 AI 芯片，可与标准安全帽完美适配，具备安全、防尘、防水、防爆等特点。采用双目衍射光波导显示方案，支持全语音操控，解放操作人员双手，是专为油气生产现场设计的人工智能应用与增强现实产品，可用于油气生产现场的智能操作、智能巡检、交互式培训、远程专家协助、装备设施检维修、安全质量检查和应急指挥等典型场景，如图 4-2-10 所示。

● 图 4-2-9　智能穿戴系统案例——梦境产品

● 图 4-2-10　智能穿戴系统案例应用场景

　　"梦镜"被赋予了基于云端处理大量数据信息的能力，可以保证远程通信和协作的实时性。在以往，油井、气井等作业机器一旦出现故障，一线工人无法解决专业度较高、较复杂的问题，停产损失以分钟计算，一小时可能损失数十万元。现在，一线工人通过佩戴搭载远程专家协作应用的智能头盔，可以不受空间束缚，随时获取千里之外专家的协助，更快速、更安全地解决问题。借助"梦镜"的可视化和交互设备，得以弥补人工缺口，提升作业安全性和协同效率，为油气行业打造全新一代的"超级工人"。

⬢ 小 · 贴 · 士

"超级工人"是昆仑数智科技有限责任公司所属中国石油工程技术与装备制造物联网重点实验室提出并着力打造的具有强大能力的岗位工人或机器人的统称。对于岗位工人来说，一般需要通过佩戴智能穿戴设备（如智能眼镜或智能头盔等）来获得超出岗位工人本身所具有的知识的智慧与能力，这种智慧与能力一般来自一个复杂的智能系统（如昆仑数智的"石油大脑"），智能系统通过智能穿戴设备为各种岗位的工人赋能，使其具备远远超出本身知识的工作能力。与此类似，对于机器人来说，也是采用类似的技术实现后端"石油大脑"与前端岗位机器人的赋能与互动。

⬣ 四 　智能系统的发展趋势

数字化是智能化的基础，数字化的核心任务是建设业务全覆盖的数字生态与应用环境，通过数据的应用提高对业务的管理效能；智能化阶段的核心任务是发掘数据潜力、提升数据价值，并反作用于数据生产的业务过程，指导业务变革、改进与优化。

信息化阶段以建库、建系统、建应用为主，数字化阶段以建湖、建中台、建共享应用环境为主，智能化阶段将以建能力中心、建智能生态、建敏捷应用场景为主，从而支撑企业智能化、协同化、集约化、智慧化发展。

在后续的第三节到第七节，将重点介绍智能化阶段的几个重点应用场景。

第三节　智能油气藏

智能油气藏建设基于对井产量、采油速度、含水率、注入量、地层压力等指标的监测、分析和预测，制订有针对性的油气藏调整措施，对井筒实时调整，以及地质油藏感知设备的部署，自动采集井下温度、压力、流量等数据信息，是油气藏动态分析优化的基础；结合井下参数、油田生产数据等信息，通过专业的油藏分析和预测等专家辅助系统，实现更精细化的油藏监测和动态分析；根据油藏分析结果，形成有针对性的油藏开发方案以指导生产，提高产量和采收率。

一　智能动态分析

动态分析在油气藏开发中处于中心和主导地位，贯穿于开发的全过程。常规油藏动态分析方法集中在物质平衡方程、产量递减方程、水驱特征曲线、水驱前缘驱替方程、试井、现代产量递减分析油气藏数值模拟和产量规划设计优化方法等几大类，随着日趋复杂化的开发对象和持续高效开发的现实需求，以及数学、物理、化学、信息技术和实验手段等学科技术的不断进步，尤其是伴随着大数据与人工智能等新技术的成熟与应用，使油气藏—井筒—地面一体化分析不断深化。在页岩油气、致密油气等非常规油气藏领域探索应用，推动了业务跨领域一体化分析技术的快速发展。

1. 油气藏—井筒—地面一体化分析

传统油气田开发过程中，各部门在工作职责范围内，对油气生产不同环节进行独立研究分析与决策，人为添加了许多不存在的边界条件，无法体现油气田开发中介质流动的连续性，各个环节相互制约、相互影响的特点。建立油气藏—井筒—地面一体联动的、以效益为驱动的快速响应机制，解决油气生产各个环节之间的相互制约问题，可实现整个油气系统的最优化开发，发挥油气资产的最大效益。

油气藏—井筒—地面一体化模型是智能油气田建设的核心，建设物理世界的模型，模拟油气生产全过程，通过模型虚拟到数字空间中，完成实时反馈的全生命跟踪。

在保证油气藏、井筒、管网各个模型计算可靠性的基础上，整合各生产环节模型，建立油气藏—井筒—管网一体化模型，根据现场生产管理的需要，对生产管理进行一体化模拟和分析。

图 4-3-1 是气藏—井筒—地面一体化运行管理与优化示意图，主要思路如下：在充分考虑地下供气能力、地面集输能力和合同供气量的协调匹配问题基础上，应

用一体化模型进行单井、气田及气田群生产预测。生产预测时需考虑气田群实际生产情况作为模拟条件，包括非压降生产井的产量递减、出砂井控制生产压差、水驱气藏气井见水、部分气井组分变化等，并将这些因素作为各环节的约束条件进行下一步的方案设计和模拟，确保气田开发方案设计结果可靠。

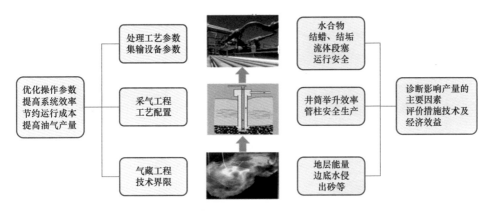

● 图 4-3-1　一体化技术在气田群生产运行管理、优化的应用示意图

2. 地质工程一体化分析

非常规油气大规模开发的成果，极大地推动了多学科融合、多技术集成的一体化创新和发展。面对目前低油价的挑战和效益勘探开发的基本要求，地质工程一体化模式应运而生，为非常规油气田和复杂油气田效益勘探开发探索出一条新途径。

地质工程一体化理念围绕提高单井平均产能这个关键性问题，以图 4-3-2 为例，以三维模型为核心，以地质油气藏综合研究为基础，针对油气藏不同阶段遇到的挑战，配合有效的资质管理和作业实施，对钻井、固井、压裂、试采和生产等多学科知识与工程作业经验，进行系统性、针对性和快速的积累丰富，不断调整和完善钻井、压裂等工程技术方案；在区块、平台和单井三种尺度，分层次、动态地优化工程效率与开发效益，从而实现增产增效的中长期目标。

以致密油藏开采为例，建立高精度三维地质及地质力学模型，以三维模型为基础，首先开展前期开发井压裂改造效果及压后生产效果分析，明确影响直井及水平井压裂改造与压后生产效果的主控因素。再针对油藏的地质及地应力特征，分别开展直井分层压裂、水平井分段压裂优化设计。研究关键技术：三维地质模型评价与调整、单井地应力建模、三维地应力建模、压裂效果分析、地质力学流固耦合油藏数值模拟以及压裂设计与优化建议。

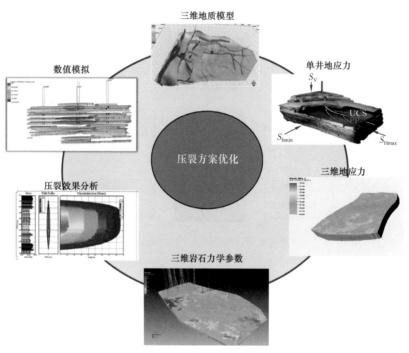

● 图 4-3-2　地质工程一体化技术思路

二　智能油气藏描述

随着开发智能化的推进，生产决策对油藏数值模拟的精度要求越来越高。此外，储层流动机制辅助分析非线性强，数值模拟计算耗时，因此自动历史拟合应运而生，能快速求解，更快寻觅到最佳的方案。常规地质模型与油藏模型时常有出入，数值模拟的模型作出调整后，仍需要回到地质模型修改更新，建模数模一体化平台化分析成为趋势。

1. 自动历史拟合

自动历史拟合基于油藏数值模拟技术，通过对生产历史数据拟合修正油藏数值模型参数，是进一步了解油藏地下流体分布、预测油藏生产动态以及进行油田开发方案评估的重要手段。

自动历史拟合是一个高维、求解难度大、计算耗时的反问题。近年来，机器学习领域的革命性突破为自动历史拟合技术的更新换代带来了新的契机。提出使用数据驱动的进化计算求解裂缝性油藏裂缝网络反演，实现快速求解非线性自动历史拟合问题。

油气藏自动历史拟合实现了自动、顺序同化动态生产数据的功能，拟合算法流程如图4-3-3所示，先有初始模型，基于初始模型进行数模计算，当有观测值更新，数据进行同步，更新模型，在不同时间自动代入新的值，实现自动拟合，直到拟合到理想的结果。自动历史拟合提供对地质属性场（渗透率、孔隙度、有效厚度等）的估计以及估计的不确定性信息，有效减少油气藏数模过程中历史拟合所需要的时间，准确合理地调整地质属性场，提高油气藏数值模拟模型的精度，以及利用油气藏数值模拟进行未来生产预测的可信度等。

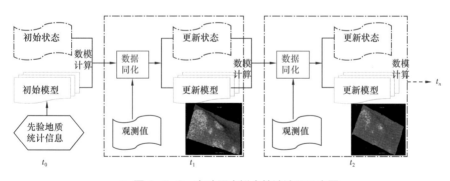

● 图4-3-3　自动历史拟合算法流程示意图

2. 建模数模一体化

多学科协同研究、实现工作流程的高度一体化是应对当前复杂地质情况，降低油气藏勘探开发风险的有效手段，在统一的地质模型中实现地球物理、地质和油藏工程的无缝整合。在一个相同的环境和系统里，综合各个领域的专家意见，高效地获得精确的研究成果。通过以地质模型为中心的工作流程，消除了传统系统从一个技术领域到另一个技术领域之间的鸿沟。

以斯伦贝谢的 Petrel 勘探开发软件为典型代表（图4-3-4），可在相同的地质模型里对地球物理、地质、油藏工程、生产及钻井的数据进行编辑、显示等操作，实现从勘探到开发工作的无缝整合，整合了多种学科知识，在多种窗口下，更加方便地对所需的地球物理、地质、油藏工程、生产和钻井数据进行显示、分析、解释与编辑等操作。针对地下复杂的地层情况和普遍存在的各种不确定性因素，提供了从勘探到开发的统一的工作流程，实现多学科、多工种的无缝连接与协同一致，为勘探到开发各专业研究分析搭建一个"各得所需，各尽其用"的开放式平台。

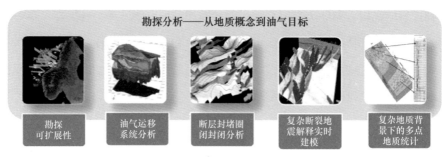

● 图4-3-4　勘探分析示意图

三　智能化测井解释

在测井智能化发展道路上，测井解释已经从过去单井油气水图像识别向智能识别上发展，解释速度和准确度都得到了极大的提升。此外，测井工具也在不断改善，在耐高温高压方面有了长足的发展。

1. 人工智能解释

常规的储层参数预测方法是通过经验公式或简化地质条件建立模型，计算储层参数，对于解决一般地质储层问题能取得较好的效果，对于复杂地质问题预测精度不高。人工智能特别是深度学习神经网络的发展为地质储层参数预测开辟了新的途径。基于循环神经网络的储层智能分层：通过对大量测井曲线与分层信息的关系进行学习，建立神经网络模型，将待分层井资料传入模型进行智能分析得到分层信息。

以中国西部某油田为例，单井 200 多个层位，往往需要 2 小时左右的时间进行划分，现在智能分层仅需不到 10 分钟，提高效率 95%，划分准确率达 90%，达到或超过了有经验的高级专家的技术水平（图 4-3-5）。

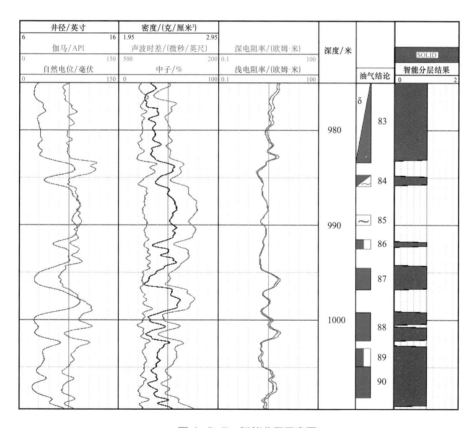

● 图 4-3-5 智能分层示意图

测井数据是储层评价、测井解释和井位设计的必要资料。在特定情况下，由于生产原因限制，孔隙度、饱和度测井资料不全，不同批次的测井资料可能存在差异。可以通过人工智能和机器学习的方法，用已有的测井曲线来预测渗透率及饱和度曲线（包括预测其他各种缺失的测井曲线），并将其整合到现有的工作流程中，用得到的新信息去更新现有油藏模型。通过储层特征与图版中所有样本集应用数据挖掘中的 K 邻近聚类（KNN，K-Nearest Neighbors）自动确定储层性质（油气结论或储层类别），如图 4-3-6 所示。

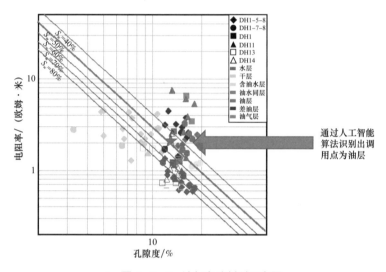

● 图 4-3-6　油气自动判别示意图

2. 测井工具

测井工具在不断更新，斯伦贝谢推出的 Ora 智能电缆测井技术、智能绞车，Quantico Energy Solutions 公司推出的 QDrill 人工智能测井解释软件等都是测井行业向智能化方向探索的结果。

斯伦贝谢最新推出的智能电缆测井技术耐温耐压性能达到 200℃、240 兆帕，OmniSphere 小井眼随钻岩石物理评价技术耐温耐压性能达到 150℃、172 兆帕；哈里伯顿新型核磁共振测井仪器耐温耐压性能达到 175℃、240 兆帕。优异的耐高温高压性能有利于仪器在深层油气藏、非常规油气藏中进行应用，具有广阔的应用市场。

智能化应用作为测井解释评价的一种手段，一方面要兼顾与测井解释软件的融合，另一方面还要具备较强的开放性，要将近年来测井专业信息化建设和智能化应用成果集成起来，形成开放性的测井智能应用环境。通过数据—算法—场景三者有机融合，构建大数据＋智能计算＋专业软件的测井智能解释应用环境。利用智能模型，通过大数据分析提高测井参数计算和流体识别精度；通过信息化系统打通测井评价各专业之间的数据壁垒，实现数据的自动收集、转换和推送，完成外围数据准备工作，提升测井评价效率；在专业软件里实现智能解释与传统岩石物理解释相结合，互为补充，提升测井评价整体效果。

第四节　智能生产中心

依托梦想云数字与智能云平台，在油气田物联网全面建设的基础上，整合原有的油气田数字化建设成果，建立智能生产中心，对油气生产业务进行集中管控、统一调度、智能管理（图 4-4-1）。运用大数据、云计算、人工智能等新兴技术，开展数据深化应用、智能化分析，打造油气生产单元"全面感知、集中管控、预测预警、智能优化、智能调控"的一体化管控模式，实现油气生产全业务连接、全闭环管理，提高油气生产精细化管理水平，助力油气田企业高质量发展。

● 图 4-4-1　智能生产中心主要功能图

一 实时监控

生产实时监控是油气企业开展智能化建设的基础，利用 CCTV 系统对生产现场、设备设施周边环境进行监控，利用物联网系统对井、间、站、场、管线等生产设施单元数据进行采集和监控，实时掌握各生产单元运行状况，进一步提高油气生产决策的及时性和准确性，提高生产管理水平，降低运行成本和安全风险（图 4-4-2 ）。

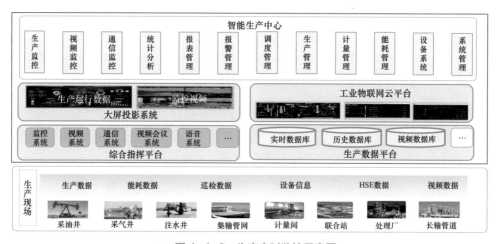

● 图 4-4-2　生产实时监控示意图

在智能生产监控中心配套实时数据管理平台、物联网云平台、GIS 系统、大屏展示系统，实现生产数据和视频的集中管理、综合展示，通过灵活、动态的实时可视化管控，为跨部门集成共享、协同工作、组织模式优化提供技术支撑。

1. 生产实时监控

通过安装监控终端、仪表、控制器等物联设备，实现生产数据自动采集、远程传输、集中监控等功能。

1）单井智能化监控

在井口安装示功仪、压变、温变、电量模块等传感器以及 RTU，采集功图、油压、套压、回压、电参等生产数据，实现生产数据采集与上传、现场设备自动控制。在井场安装工业视频设备，实现可视化监控。

远程终端单元 RTU 建议采用具有边缘计算功能的控制器，要求具有本地控制和远程控制两种模式，可实现远程启停管理、智能调频等控制功能；将现场安防数据及视频图像通过网络实时上传到智能生产中心。

2）场站无人值守

在生产现场安装智能传感仪表、电动执行机构、PLC 控制器、DCS 控制系统，对站内工艺流程实施自动化改造，将站内简单操作转变为设备自动操作，实现场站生产数据实时采集与上传、现场设备自动控制。

安装可燃 / 有毒气体探测仪、火焰探测仪等 FGS 系统，进行气体检测和报警，探测信号实时传输给 DCS 系统、安全仪表系统 SIS，进行联动控制，在紧急情况下可以一键关停，确保站内安全。在重点区域安装工业视频设备，实现可视化监控。

将现场生产数据、安防数据、视频图像实时上传到智能生产中心，最终实现"中小型站点无人值守，大型站点少人值守"的目标。

3）集输管网智能监控

在生产现场安装智能传感仪表、流量计以及 RTU，实现管线首末端压力、温度、流量数据采集，用于监控管线运行和泄漏情况，将现场生产数据通过网络实时上传到智能生产中心。

4）能耗监控

通过安装电参采集模块采集各用电单元的耗电量信息，对机采系统、集输系统、注水系统、集气系统、气处理系统、污水处理系统的能耗信息进行集中监控，对各单位的能源用能（电、热、气、水）情况进行统计和分析。

2. 动设备在线监控

对输油泵、注水泵等动设备进行实时在线监测，减少巡检次数，节省人力成本；开展动设备故障预测、预警，及时掌握设备的运行工况，保障生产的连续和安全（图 4-4-3）。

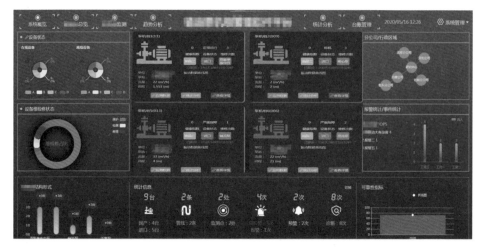

● 图4-4-3 动设备在线监控

在生产运行过程中，通过动设备产生的压力、温度、噪声、振动、功耗、排气量的变化等各种信息，来判别和识别设备是否正常工作。如果出现了故障，诊断系统就会自动提示并报警，通知操作人员和维护工程师及早发现并处理，避免引起恶性事故的发生。

对生产现场重点转动设备如空压机、风机、泵等，通过安装监控终端、振动传感器、仪表等设备，进行轴振动检/监测、轴位移监测、轴心轨迹监测、开停车数据监测等，利用边缘智能计算系统实现数据采集和边缘侧计算分析，运用人工智能和大数据分析等技术实现设备运行监测、设备故障预警诊断、设备运行优化，保证设备安全稳定运行，降低设备故障率。

将动设备监控数据和分析结果上传至智能生产中心，为设备健康管理提供基础数据和分析依据。

3. 安全与环境监控

1）智能安防

以数字化移交成果为载体，接入工业监控系统、门禁系统、周界防范系统等数据，对不同系统进行统一管理，对监控视频进行智能分析检测，实现全方位智能安防，通过报警联动使监控人员快速定位报警点，及时进行处置（图4-4-4）。

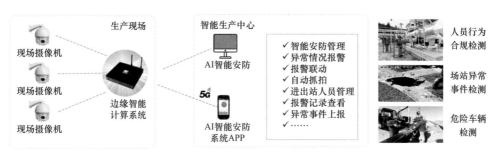

● 图 4-4-4　生产现场智能安防

采用 AI 智能安防系统对人员行为、异常事件、危险车辆等信息综合分析，实现全方位实时无疏漏的安防监控，视频监控效率和质量得到大幅提升，现场的风险管控能力显著提高，同时避免了人工远程监控效率低下、问题易遗漏、发现不及时的问题。

2）智能巡检

目前大部分工艺设备"跑、冒、滴、漏"故障的发现途径是通过人工巡检。在人工巡检过程中，部分操作人员存在疏忽漏检、不按规定路线巡检、巡检不及时、记录结果不正确、数据输入电脑错误等问题，给生产带来一定的安全隐患。

通过生产现场、站场巡检点的高清摄像机、智能巡检终端、智能巡检机器人系统，实现巡视工作的无纸化和信息化，提高巡视的工作效率和质量，降低运行人员劳动强度和工作风险，提升巡检工作的自动化和数字化水平（图 4-4-5）。

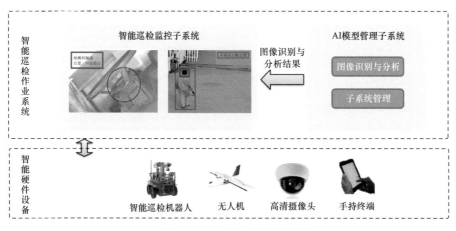

● 图 4-4-5　生产现场智能巡检

基于高清摄像机，利用边缘智能计算系统，对巡检目标对象进行 AI 智能分析识别；通过无人机、机器人辅助人工巡检或代替人工巡检；基于智能巡检终端和智能巡检系统，收集现场标牌、巡检仪、数据采集系统、网络状态等信息，以及巡检人员定时定点上传的各装置运行数据，综合形成现场巡检大数据。

3）环境监控

借助于 GIS 分析技术，搭建图形化查询平台，为环境质量和污染源业务系统提供"一张图"展示平台。在"一张图"展示界面中集成各类环境监测要素，包括污染源在线监控、水质监测站、大气监测站、生态保护红线、行政管理等，实现统一的信息可视化查询、统计、分析和展现；实现环保各部门、人员之间的信息共享和协同工作，创建一个集成、统一、精确运作的协同办公平台和个性门户，以提高管理水平和办公效率。

二 智能诊断

基于生产单元的实时监控系统，针对业务需求开展生产数据的深化应用和生产分析，实现动设备诊断、单井工况诊断、管线智能诊断和合规性检测等，及时掌握油田生产变化情况，智能判定变化原因，为生产优化和决策管理提供措施依据，支撑业务及管理人员高效管理油田生产，为增储上产提供有力的技术保障。

1. 动设备诊断与预警

基于动设备在线监控系统，利用物联网传感技术，对其运行状态进行大规模、分布式的信息获取与状态辨识，采用协同处理的方式对多种类、多角度、多尺度的信息进行在线或实时计算，开展轴心轨迹图分析和振动图谱的时域、频域分析等，实现对异常工况的自动报警；对设备故障特征提取及工况趋势进行预测，实现动设备的预防性维修。

2. 单井智能诊断

通过对油气水井实时采集的压力、含水率、电参、功图等生产数据抽提分析，结合油藏物性、生产数据及设备特点，以生产效益为目标，建立单井优化模型，实现抽油机井、电泵井、螺杆泵井、气井、注水井工况智能诊断、自动生产优化等功能应用（图4-4-6）。系统生成配套方案并预测效果，自动推送设计方案，供现场人员参考。

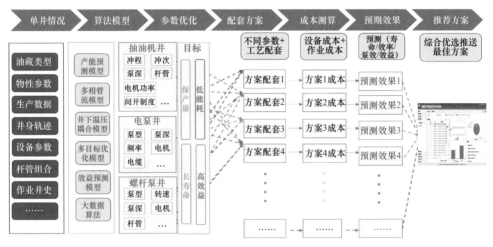

● 图 4-4-6　单井智能诊断和生产优化示意图

基础分析功能包括：单井工况诊断和产液量计算，能耗计量、平衡度分析，生产时率、开井率、产量波动率分析，区块产量统计、历史变化统计，井下系统效率、泵效组成等。

高级分析功能包括：生产趋势分析与产量预测，生产参数预警分析、生产报警，包括百米吨液耗电、注水单耗、能耗分析与统计、电机负载分析、供电分析等的设备能耗分析，注采综合分析，油水井宏观控制图等。

3. 管线智能诊断

采用基于机器学习模型、专家知识系统、神经网络的方法，以及对气体探测、分布式声学传感器和温度感应、次声波等数据进行分析的管道泄漏监测技术，通过监测管道两端各项参数变化量，运用负压波、音波、流量平衡综合评判与识别管道异常泄漏情况，并快速定位泄漏点，同时能对管道工况进行智能分析识别和预警、报警等，如图 4-4-7 所示。

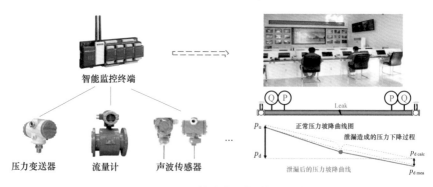

智能监控终端

压力变送器　　流量计　　声波传感器

● 图 4-4-7　管线泄漏监测与工况诊断

采用多维度智能的管道地质灾害监测技术，对管道沿线特殊地区的灾害隐患点进行监测，实时动态分析地质灾害隐患点；建立一体式智能化的地质灾害监测系统，对管道沿线地质灾害隐患进行监测分析，提前感知、重点监测，保证输油管线正常运行。出现事故，及时远程截断，最大限度减小地质灾害带来的管道变形泄漏损失。

针对第三方破坏等管道周边环境变化，通过分布式光纤预警系统，自动分析判断，提前预警。

4. 合规性检测

对作业区、重点场所进行合规性检测，对生产过程中危险和有害因素进行辨识及管控，对重大危险源区域实时检测与预警、报警。

通过视频感知 IoT 设备实时获取现场作业视频，基于 AI 视觉算法（图像分类、物体检测、关键点检测、动作定位等算法）实现作业现场的合规性检查和智能监控，包括安全帽佩戴情况、工服穿着、外来人员识别和车辆非法闯入、是否触摸静电桩、登高不系安全带、抽烟、接听电话、现场烟火、翻越围栏示警等，如图 4-4-8 所示。

三　生产预警

基于实时数据监控、大量历史数据跟踪，以因果链路知识库为基础，建立事前预警模型，对油气生产工况变化情况进行预测，对趋势异常的工况，进行重点监测和控制。

● 图4-4-8　生产现场合规性检测

1. 工艺预警

以地面工艺流程中各监测数据点为对象，利用大数据分析技术，开展工艺分析预警，在报警发出前提前预警，提前预测关键位点的报警情况并进行预警提示，为技术人员及时采取措施争取宝贵时间。

（1）分析频繁报警的原因，为报警的上下限设置提供大数据支撑；

（2）分析关键报警位点的根原因，在关键报警发生时辅助操作人员准确处理；

（3）建立关键报警位点预警模型，以便操作人员提前作出判断和调整，减少报警次数；

（4）应用多参数复合报警技术，通过对每个报警点多参数综合判断分析，提升报警准确率；

（5）基于大量历史数据计算各位点间的相关性，形成因果链路图，暴露引发报警的源头，进行重点监测和控制。

2. 工况预警

以油气水井为对象，通过建立单井生产参数和井筒工况预警模型，结合案例库和专家经验，对油气水井的参数异常进行报警，对参数异常变化趋势进行预警分析，提前实施预防措施；结合专家经验及案例库对异常情况提出处置意见和措施优选方案，并更新案例库。

油井结蜡预警：通过载荷值、电流值、压力值的历史数据变化情况，建立油井结蜡趋势分析模型，通过预警提前采取洗井措施，避免油井蜡卡问题。另外根据载荷动态变化，可指导单井热洗周期和加药制度的优化，减少因措施不及时而导致的检泵作业。

油管漏失预警：根据载荷值变化、有效冲程变化，结合油井实际产量变化，识别油管漏失井，并监控漏失井的功图变化趋势，实现预警功能。

管线结蜡预警：对含蜡原油在管流条件下蜡沉积的影响因素进行模型预测，研究蜡沉积原理，建立多相管流蜡沉积预测模型；同时考虑温度、压力和原油组成对管线结蜡的影响，预测不同压力下的蜡沉积点温度，计算管线中各点蜡沉积厚度的增长趋势。

清管周期预警：利用清管历史数据（压力、气量、管输效率、清管液量等），进行清管关键参数预测（清管时间、液量预测等），对管道上下游压力和流量数据进行智能分析，得出管输效率，当接近阈值时自动发出预警，提示执行清管作业流程。

3. 产量预警

以油气井产量为对象，对产量变化趋势、产量指标完成情况进行预警分析。依据实时监控系统和智能诊断系统，建立"井—间—站"产量动态监控模型，结合在线实时盘库的产量监控体系，实现产油量实时在线预警智能分析，准确定位产量异常的井、站。

单井产量趋势分析：根据一段时间内（通常为一个月），泵效、产液量、功图、动液面的变化趋势，结合油井工作制度、间开制度，分析当前油井的产量趋势，对严重减产、产量波动大的井进行重点关注。

生产指标预警：通过对生产运行指标进行跟踪分析，对油气藏单井的产量变化情况进行报警，并智能分析造成增产和减产的原因，给出辅助解决方案。

4. 安全预警

围绕油气生产和集输系统容易出现的风险，建立知识库，利用大数据分析和人工智能技术，综合使用天然气集输过程中的实时生产数据、集输关键设备运行数据、相关地图数据等，提前辨别隐患和预测风险，对风险造成的影响进行评估，形成应急预案并给出最优推荐。

管网安全预警：通过对生产设施和管线关键运行参数的敏感性分析，帮助用户了解不同生产参数对系统运行状态的影响趋势和程度，为评估不同生产条件下生产系统的运行安全性、稳定性提供依据。

设备安全预警：结合实时生产数据、关键设备运行数据，实时监视生产和管网系统运行状态，基于风险预测模型，提前辨别隐患和预测系统风险。

环境安全预警：结合生产数据、气藏数据、地图数据及天气因素等，基于风险影响评估模型，全面准确评估系统风险对企业、周边环境造成的影响。

根据预先对影响的评估结果，结合实时的运行参数，制订多种合理的应急预案，优选推荐风险处理结果最为理想的预案，保障生产连续、稳定、高效。

四　智能优化与预测

基于物联网建设，采集大量生产实时数据，为油井油田智能分析和生产优化提供更多的分析手段。基于实时大数据的分析是智能化分析的新趋势，随着各类学科交叉融合，多因素分析一体化优化被引入生产优化预测之中，较之前的预测方法更加全面。

1. 基于实时大数据的生产分析优化

利用物联网＋边缘智能技术实现油气生产数据自动采集、远程控制、故障预警和报警，现场的实时采集传感器、各类生产数据和运行状态信息不断加载到生产指挥中心，形成一个拥有海量大数据的实时数据库系统。油气领域不仅需要充分利用新型的机器学习方法，还需要结合传统的工业经验、生产理论公式和专家经验，把新型技术与传统经验深度融合起来，才能够真正产生良好的效果。

将不同来源、格式多样、时效要求不一的各类数据"拿"到大数据平台进行集中统一处理，实现数据的全面治理和全生命周期管理；借助可视化的设计和工具，让人们"看"到数据的价值。

以电潜泵为例，电潜泵井井下多参数传感器系统向地面实时传送井下电潜泵机组的工作参数，如泵吸入口温度、压力，泵排出口温度、压力，电机温度，机组振动、泄漏电流等。用大数据分析技术，如主分量分析（PCA）、聚类分析、判别分析等建立电潜泵井下参数大数据分析模型，结合采油专业技术，对电泵实时生产进行更好的监测分析，不断挖掘潜力。

以抽油机井生产分析优化为例，基于机器学习算法将工况强相关参数从大数据中抽离出来，使用相对坐标系对功图和相关参数进行无量纲处理，形成归一化功图和参数曲线。利用不同功图和曲线覆盖坐标点不相同的特性，将覆盖坐标点数据和工况类别导入 BP 神经网络中进行训练，得到神经网络模型，实现抽油机井工况的自动智能诊断。以电参为例，采用大数据分析和数学物理建模，可实现连续电参数上下死点智能识别，如图 4-4-9 所示。

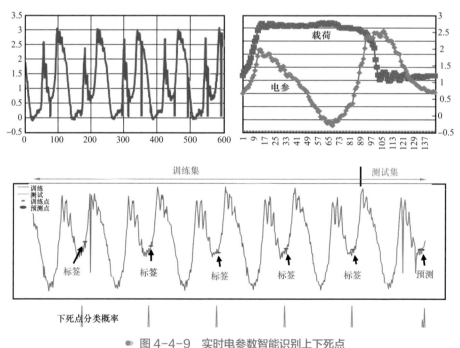

● 图 4-4-9　实时电参数智能识别上下死点

以井数据驱动油气藏产量预测为例，深度训练网络作为初始数据驱动模型，可以在已知产气量、产油量、井口温度及压力数据、油嘴参数等各类井数据的前提下，创建井数据与油气产量之间的映射关系，对单井乃至整个井场的生产情况进行合理预测，明确配产需求。例如，将深度学习用于流体参数预测，输入初始压力、饱和压力、溶解气油比、地层体积系数、体系压缩系数、油的密度、气的密度、原油黏度等数据，进行训练后可用于预测其他井的饱和压力、地层体积系数和气体压缩系数等。

2. 基于多目标函数的优化与预测

运用基于一体化数字孪生模型的智能跟踪与诊断工作流，快速开展生产动态分析和日常工作制度调整方案的制订。通过仿真分析模型参数与真实生产系统对比跟踪，实现数据与模型双向沟通，根据油气藏敏感性分析结果确立阈值及启动诊断机制，根据多元递归节点反算和神经网络诊断技术确立模型诊断与优化方案，如此反复循环运转，不断对系统运行情况进行模拟分析和问题诊断，预测影响结果，提供决策依据。

根据油气藏数值模拟方案与井筒管网模型约束条件，更合理地确定气井产量；通过自动化流程对井筒与管网模型中产量和压力数据快速更新，以及油气藏数值模型快速更新，实现从油气藏到地面管网全系统的压力、流量以及油气水运移规律的及时耦合计算与周期性监控，从而更有效地描述剩余油气水分布与前缘变化；根据地面外输条件变化，进行从地面到地下的一体化配产优化，从而提升管网或气藏生产能力。

应用场景：

（1）基于实时与日度数据，实现生产态势实时在线、实际产量与计划产量实时自动分析、油气藏与井生产异常及时预警。

（2）根据日度生产实际数据，及时进行单井产量生产动态跟踪与递减分析以及措施效果跟踪。

（3）耦合已建立的井身结构模型，并对生产作业事件进行追踪；对井筒模型自动化进行日度节点分析、模拟计算分析。

（4）基于管网稳态模型，输入实际生产数据进行管网模型稳态日度模拟计算，提供持液率、压力、流量与GIS系统结合的在线显示，同时进行线下或线上假定情景模拟优化计算。

（5）以分钟级实时数据为依据，基于瞬态流模型对主干线系统进行积液、清管、水合物与抑制剂在线跟踪，对积液、水合物进行预警与优化干预。

3. 智能配产工作流

基于"油气藏—井筒—地面"一体化模型，通过模型计算，形成系统最优、开发最优的配产、调产结果。并根据配产结果，通过自控系统实现产量远程调节，工作思路如图4-4-10所示，在一体化模型基础上，油气藏要综合考虑压力、含水分布、水侵状况以及剩余可采储量的影响，采用油气藏动态分析方法，例如产量递减、水驱特征曲线法等，确定油井合理的产量范围，制订不同采油速度下油井合理配产范围，给出配产任务，同时确定成本及收益。

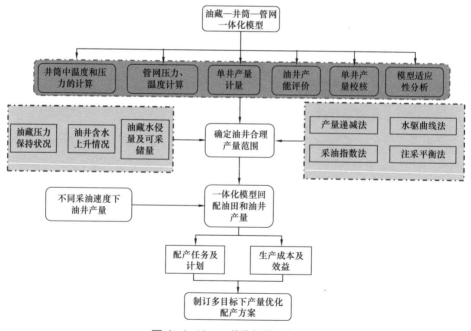

● 图4-4-10　一体化智能配产示意图

针对上下游生产安全管理需求，在充分考虑现场工艺安全要求，基于上下游采集的实时数据，利用一体化模型，按施工工序智能演算，形成最优施工工序计划、上下游关键数据预警、操作安全提示、各岗位角色操作风险点。

五　智能调控

在油气生产运行过程中，通过全面感知、智能分析、优化决策，提供油气生产单元最优生产方案，配套智能控制系统，实现单井智能调节，形成"制度最优化、启停无人化、远程可视化"的智能生产模式；改变油气田生产运行管理的模式和习惯，将线下管理改为线上管理，将人工汇总变为自动汇总，在海外缺少专业技术人员的情况下，提高管理水平和效率，填补人员缺口。

1. 远程启停控制

在智能生产中心，管理人员可对油井、机泵设备下发指令，实现设备远程启停、远程调频等操作；在远程控制操作时，需结合控制对象的视频监控系统，在确认现场人员安全、环境安全的情况下方可进行。

配套断电自动启动功能，在出现局部停电后，系统可以根据电力线路负载情况、电机功率信息，制订远程启井方案，监控人员可以结合视频系统，开展远程启井操作。

2. 油井智能调控

在油井生产中，所有开采方式的油井优化都是以追求地层供液与设备排液协调配合为目标，即"供排协调"；根据单井工况诊断和预警分析，提供生产优化方案，形成生产现场闭环控制和智能生产中心远程调控两级调控模式，实现重点油井及高产井智能调参、智能调频，确保生产指标处于相对最优状态，见图 4-4-11。

智能冲次调节：依据现场实时采集的动液面数据、功图数据，边缘计算系统根据设定的合理沉没度，自动调节变频器输出频率，从而调整油井冲次，使目标井保持恒定液面高度安全生产，在提高泵效的同时达到节能降耗的目的。

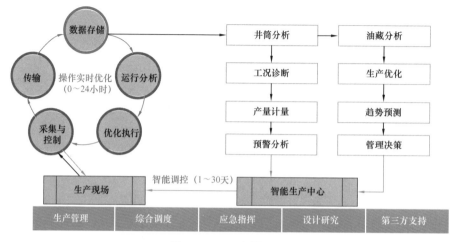

● 图 4-4-11　油井智能调控

智能间抽管理调节：对于中、低产液能力的井，以示功图、液面、生产参数等资料为基础，建立低产井油井智能生产模型，优选间开井和制订间开制度，实现油井智能间抽管理，在保障产量的前提下节约能耗。

自动投球管理：配套定时自动投球装置，包括装球筒、控制阀和定时自动控制箱，实现不断流自动投球。

3. 注水智能调控

依托数字化建设成果，基于一体化管控平台，通过对注水系统各组成部分进行实时数据采集和一体化智能分析，生成注水系统内的各种调整指令，自动发送并执行指令，对整个注水系统实现自动联合调控，保障整个注水系统的协调、安全、高效运行。

完善和新建注水系统智能感知设备，实现注水系统生产参数自动采集与远程控制；对注水泵电机参数进行实时采集与监控，同时对注水泵变频频率进行智能调节；对注水单井安装流量计及电动调节阀，实现平稳注水、精细注水，最终实现"源—供—注"一体化智能控制注水目标，如图 4-4-12 所示。

4. 场站智能调控

通过对站内工艺流程实施自动化改造（增加智能仪表、电动阀、智能控制器），将站内简单操作转变为设备自动操作，对站内重点工艺生产参数进行联动闭环控制，实现输油泵自动输油及应急切换、缓冲罐双液位控制、气液分离器液位—压力—阀门联动、站内高清摄像机全覆盖等功能，根据站内相关工艺流程实现变频联动，通过调节工艺仪表流程图（PID，Process & Instrument Diagram）对执行阀进行控制，实现站内各关键流程的闭环连锁控制。

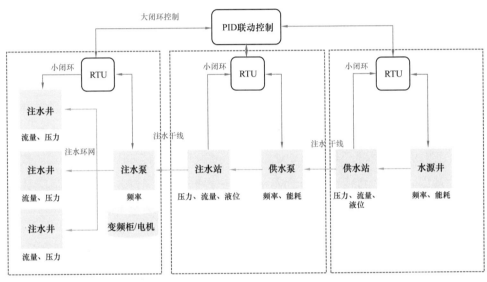

● 图 4-4-12　注水系统智能调控

联合站三相分离器进液端有多个增压站或转油站，由于增压站和转油站是独立的系统，其外输流量不稳定，造成联合站三相分离器进液不稳定，引起原油三相分离效果差，还经常出现压力过高问题；传统管理模式下，管理人员只能手动调整某站的出站流量，控制效果较差，生产运行存在安全隐患。

通过自动化改造和集中管控平台建设，将各站的液位、压力、流量以及联合站的进站流量结合起来，通过对多个参数开展智能分析，形成自动控制逻辑，开展闭环连锁控制，不但保障了分离器平稳进液，还对各站的压力、液位进行联调，保障系统安全、平稳、高效运行。

依托智能生产中心的集中监控平台，建成以联合站或接转站为中心站，将站内FGS系统、SIS系统、CCTV系统、DCS系统等结合起来，实现对上游无人值守站的远程监控，紧急情况下可以"一键关停"，确保站内安全，最终实现"中小型站点无人值守，大型站点少人值守"的目标。

第五节　数字化交付与集成应用

目前，数字经济正开启一次重大的时代转型，工业技术与信息技术的深度融合将创新生产组织方式和运行方式，引发产业变革和传统产业转型升级，新产业、新业态和新模式不断涌现。中国石油提出"以数字化转型驱动油田产业高质量发展"，要求通过数字化交付打造智能油气田，以感知、互联、数据融合为基础，实现生产过程"实时监控、智能诊断、自动处置、智能优化"的智能油田业务新模式。数字化交付应以"工程为抓手、设计为龙头、客户为推手"，通过数字化交付消除数据孤岛，实现资产增值和建管一体化，助力油田提质增效，安全生产。

一　数字化交付标准

数字化交付应遵循国标《GB/T 51296 石油化工工程数字化交付标准》及《Q/SY 01015—2017 油气田地面建设数字化工程信息移交规范》。

根据 GB/T 51296 2.0.3 国家标准，数字化交付是以工厂对象为核心，对工程项目建设阶段产生的静态信息进行数字化创建直至移交的工作过程。涵盖信息交付策略制订、信息交付基础制订、信息交付方案制订、信息整合与校验、信息移交和信息验收。

在实际的交付中，依据不同的实际情况制订信息交付策略，交付基础应包括工厂分解结构、类库、工厂对象编号规定、文档命名和编号规定、交付物规定及质量审核等内容。

工程数字化交付工作尽量与工程建设同步进行，交付信息应满足完整性、准确性和一致性的质量要求，其内容应与交工资料对应一致。

二　数字化交付范围

地面工程按照业务阶段分为规划计划阶段、工程建设阶段（含采购施工阶段）、生产运行阶段（含投产试运）。此外围绕业务还包括交付数据管理、质量控制方面的工作。

1. 规划设计

规划管理主要内容包括发展规划、前期管理、投资计划、造价管理、后评价等。设计包含工艺方案制订、设备材料选型、图纸绘制、设计变更、设计审查、批复等工作。

2. 采购

采购包含需求计划、招标、物资驻厂监造、生产制造、出厂发货、物流运输、验收入库、调拨出库的全过程。

3. 施工

施工包含设备安装以及完工调试，具体工作内容是施工、安装。通过人员报验、设备报验、开停工、施工方案程序、现场施工管理、记录，对现场人员、设备、资质、方案和施工质量管理及资源控制。

4. 投产试运

投产试运是由业主组织，总承包商配合，对设计参数指标、工艺流程、设备性能、产品质量进行检验的全过程。

5. 管理体系

数据管理体系适用于数字化交付工程建设完成后向智能化实施工作提供的数据采集、加载、上报等数据管理工作。数据管理体系规定了数字化交付工程建设完成后向智能化实施工作的数据管理组织机构及职责、数据管理流程以及数据采集要求。

6. 数据管理组织机构

组织数据的管理和考核工作；负责数据的接收、审核；对数据源单位提交数据工作进行指导、监督、考核；负责数据安全、保密的管理工作；负责协调、处理与数据管理有关的其他事宜。

7. 数据源对象及职责

数据源单位是指产生并须向数据管理机构提交数据的对象，包括井、场站、管道等，其主要职责如下：落实数据采集、审核岗位，确定其岗位职责；按照要求采集、审核、提交数据，确保数据及时、完整、准确；按照实际需要，提出数据采集模板的修改建议。

8. 质量控制体系

数据信息的质量控制一方面要有完善的标准化管理支持，另一方面要有严格的质量控制管理制度，指导并制约数据录入、采集、审核、传输、加载、维护管理的全过程，形成完善的数据质量控制体系。

三　数字化交付内容

交付数据内容包含设计、采购、施工、试车全过程的结构化数据、文档及关联关系、与物理工厂一一对应的三维模型等。

1. 数据及属性类

数据范围包括工厂及设备设施台账、油气田生产自动化采集或物联网采集的实时数据。

属性类数据指工厂对象属性，针对每个类型的工厂对象。属性数据需要交付由智能设计工具生成的结构化的数据。

2. 三维模型类

1）三维模型

三维模型指使用三维建模设计软件完成的工厂模型，涵盖总图、配管、自控、电信、电气、设备、给排水、消防、结构及暖通空调等领域。

工程建设期交付模型无统一格式标准，允许使用以下常见的三维模型格式：

PDS 模型，DGN / DRV / PRP 等文件，含几何信息以及属性参数。

Smart 3D 模型，VUE 和 XML 文件，含几何信息以及属性参数。

TEKLA 模型，TEKLA 软件导出的 IFC 文件，含几何信息以及属性参数。

Pro/E 模型，ASM 和 PRT 文件，含几何信息以及属性参数。

3DMax 模型，MAX 文件，含几何信息以及属性参数。

2）管道 IDF 文件

使用三维设计软件生成的管道轴测图数据文件。

3. 文本及图片类

智能 P&ID 图：基于种子文件绘制的智能 P&ID 文件，包含图形文件、参考数据库以及相应的报表等，除此之外，需提交与质量检查相关的报告文件。

资料文档：针对每个类型的工厂对象，需交付非结构化的资料文档，包含供应商需按规范要求提交的三维模型、属性数据及文档资料；施工单位需按规范要求提交的属性数据及文档资料。

（1）工程勘察、测量；线路工程；厂站工艺设备、管道；自控、仪表；通信；电气；土建；机械设备；防腐、绝热、阴极保护；消防；其他设计文件说明。

（2）采购计划、请购文件、监造文件、运输、清关、随机资料、出入库、剩余物资台账等。

（3）施工前准备资料、试验资料、检验资料、施工过程资料等。

（4）质量监督各类资料。

（5）试运行投产资料移交清单。

（6）竣工资料移交清单。

4. 数字化交付平台

通过应用数字化交付平台，统一标准和平台对工程建设进行数字化移交，得到完整、规范的建设期数据，为运营期数据的合理利用奠定基础。

数字化交付平台实现多项目、全过程、多专业的数据资产全生命周期管理（图 4-5-1）。构建和整合各承包商交付数据，实现以工厂对象为核心的数据、三维模型、智能 P&ID、文档及关联关系的交付；实现对设计、采购、施工等过程的管理。

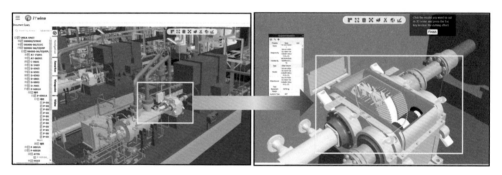

● 图 4-5-1　数字化交付平台

5. 集成接口

主数据：数字化交付需要确定主数据的唯一权威源，按照主数据模型标准进行采集。涉及地面工程领域的主数据包括井、站库、设备、管线、组织机构、项目、人员、生产单元、坐标系统、位置。

支持 OPC 标准取数接口及其集成，可获取 DCS 等实时数据。

支持 RTMP / RTSP 实时视频流接口、SDK 接口集成，进行视频监控系统的视频数据传输，能够实现在三维场景中直观定位到监控地点。

数字化交付平台除支持 OPC、ODS 操作数据采集系统以及 ESB 企业服务总线等标准接口方式，还预留供外部调用系统数据的接口，便于与其他系统集成。

四　数字化交付集成运营

基于三维数字化交付建设期成果，在三维可视化场景中集成生产运行实时信息、设备运行状态信息、视频监控；提供备品备件管理、设备台账管理、检修辅助工具等。

1. 人员定位

通过 RFID 或者其他定位设备获取用户的位置，并将位置信息传输至数字化交付平台，可实时跟踪定位人员信息，对人员历史轨迹查询，对进入危险区域的非工作人员进行预计报警等（图 4-5-2）。

人员定位实时监控　　　　　安全在岗管理　　　　　巡检记录查询

人员定位统计　　　　　异常报警一键定位　　　　　危险区域报警

● 图 4-5-2　人员定位

2. 数据可视化

基于数字化交付平台，通过各类接口可实现与视频监控系统的集成、自控系统的集成、设备设施等各类系统的集成及数据可视化展示（图 4-5-3）。

3. 实时联动

集成现场实时监控硬件数据，开发接口，如 DCS 数据、有毒有害气体检测数据、机泵群在线检测、视频数据。对于 DCS 实时数据的集成，通过 OPC 标准取数接口进行集成，获取的数据项包括但不限于每个监测点的当前值、当前值对应的监测时间等；通过 RTMP 或 RTSP 接口集成生产视频监控系统的视频数据，能够实现在三维场景中直观定位到监控地点，快速了解现场情况，并能查看和下载历史视频信息（图 4-5-4）。

视频监控集成

实时数据集成

运维数据集成

热力图

● 图 4-5-3　数据可视化展示

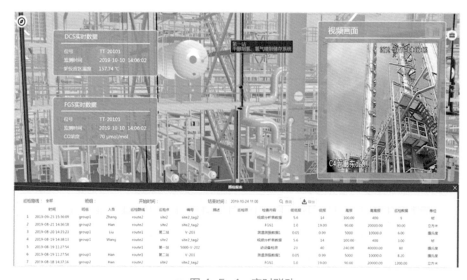

● 图 4-5-4　实时联动

4. 设备设施管理

备品备件管理，与设备设施管理平台集成。与设备设施管理平台无缝连接，实现备品备件精准管理，技术交底；基于数字化三维平台，到期待检设备自动提醒，降低漏检、超期未检导致的合规性、安全性风险；实现埋地电缆管理，故障排查，按流向的快速寻阀，定位事故上下游阀门，生成盲板隔离方案等（图4-5-5）。

● 图4-5-5　设备设施管理

5. 智能巡检

基于数字化交付平台、GIS应用接口，实现智能巡检：巡检路线、巡检项配置、定期巡检时间设置、能快速接入现场数据、支持工艺自动巡检项、线路GIS巡检；自动标识漏检项；自动生成巡检报表（图4-5-6）。

6. 培训及工艺仿真

基于数字化交付平台置入操作手册、常见故障措施等，实现工艺流程仿真演练及培训（图4-5-7）。建立与现场完全一致的精细化模型，向设备人员、检修人员、操作人员提供直观、准确的认知培训和维修培训；应急预案，模拟火灾、泄漏、爆炸等事故；模拟开挖作业，真实地展现周边地理信息和地下管线、电缆的相对位置，并编制安全的施工方案。

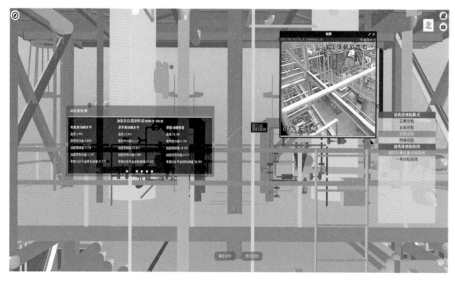

图 4-5-6　智能化巡检

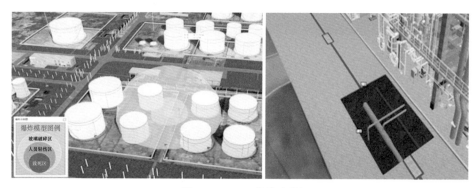

图 4-5-7　工艺仿真模拟

第六节　智能运营中心

自"十五"以来，中油国际信息化经过四个阶段（规划先行、统一建设；以建为主、以用促建；以用为主、建用结合；深化应用、共享服务）发展，逐步建设形成以 ERP 为核心的经营管理应用集成信息系统，在本部、地区公司、中方项目公司共享应用。已经建设形成以决策支持、综合办公、档案管理、HSE 管理、科技信息管理等几大类综合管理系统，在本部、地区公司、中方项目公司共享应用；在部分规模较大的联合公司，部署了各自建设的门户系统、协同办公系统等基础综合管理系统，但仍存在数据孤岛、烟囱式系统等现象。

与国际先进的油公司相比，中油国际经营管理和综合管理业务信息化还存在不同程度的差距。中方公司经营管理业务信息化在数字化管理、业务流程管理、应用系统管理、协同工作管理方面还有提升空间，联合公司在 ERP 系统升级、数据治理、决策支持、协同办公等方面有较迫切的需求。综合管理信息化还面临许多挑战，中方公司在移动化办公能力、共享能力、整合集成、决策支持以及安全保障方面还存在一定短板，联合公司则在多个方面大幅度落后于比较先进的企业。因此，中油国际于 2020 年部署了"经营管理业务云"和"智能综合管理"建设，并进一步提出了向一体化运营管理转型的基本构想。

本节重点介绍经营管理、智能综合管理、一体化运营管理三项内容。

一　经营管理

1. 建设目标

中油国际部署经营管理业务云建设的目的是打造集中管控的一体化经营管理云，其总体目标是"建设智慧云，助力数字化转型"。其中，中方公司打造智能化中方公司经营管理业务云，联合公司建立统一整合联合公司经营管理业务云。

建设智慧云的具体目标是建立"集成、精细、完整、智能"的信息化智慧云；建立一个"架构一体、应用协同、安全可靠、规范标准、管理统一、资源集中"的智能化平台，支撑公司管理与业务升级。

建设信息化智慧云，实现系统集成、智能处理、精细管理、业务完整性管理。

建设智能化平台，将本部管控通过经营管理平台进行进一步的深化应用，在流程与功能上进行提升优化。

依托 HANA，升级技术平台，更好地助力企业的智能化、数字化转型。

HANA 是一款支持企业预置型部署和云部署模式的内存计算平台，提供高性能的数据查询功能，用户可以直接对大量实时业务数据进行查询和分析，而不需要对业务数据进行建模、聚合等。

2. 建设思路

中油国际中方公司经营管理业务云建设思路包括四个步骤。

（1）制度先行：整理、完善本部经营管理管控制度，通过风险点识别和业务管理流程优化，加强对风险管理点的控制，提升系统对风险管理的支撑力度。

（2）逐步完善：现有功能及物流、资金、预算等平台的优化及新增实施，完善经营管理系统的业务功能。

（3）共享云：补全数据覆盖面及接口完整性，充分发挥云平台共享特性，实现实时共享。

（4）智能决策：实现业务管理的精细化，以及管控指标与报表的可视化与智能化。

中油国际联合公司经营管理业务云建设思路是，根据本部统一、融合管控的要求，基于统一整合联合公司经营管理云要求，建设标准化、规范化、统一化的经营管理平台。

3. 建设方案

1）经营管理云总体应用框架

海外油气业务经营管理云总体应用架构：以 ERP 为核心的经营管理系统，以数据管理（公共数据管理、数据治理）、基础管理（软件、硬件设备）、权限管理及辅助开发为支撑，实现包括板块所属项目的投资计划管理、采办管理、设备管理、财务管理，涉及项目、计划、投资、采购、设备、财务等业务。功能范围包括 ERP 2.0、系统集成、决策支持、用户访问四个方面，面向企业的执行层、管理层和决策层，构成了企业完整的协同办公体系。

中油国际中方公司，通过战略规划、管理控制、运营执行的各个不同阶段对海外投资项目管理、财务管理、物资采购、生产管理、销售管理、资产管理、设备管理、人力资源管理、审计管理等业务进行体系化综合管理。

联合公司是中油国际与所在国及其他投资人共同成立的生产经营性公司，负责处理日常公司事务，侧重所管辖项目实施、项目投资、投资管理、技术开发、技术咨询和投产后的运营管理。联合公司主要使用协同办公系统、ERP 系统、生产销售及报表等系统，支撑联合作业业务管理。

海外油气业务经营管理云总体应用架构见图 4-6-1。

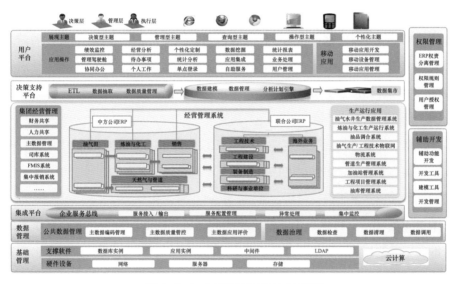

● 图 4-6-1 经营管理云总体应用架构

总体应用架构共分为六层。

顶层为用户平台，提供绩效分析、经营分析、管理驾驶舱、统计分析、统计报表、设备管理等 18 类应用操作功能，支撑决策、管理、查询等主题应用。经营管理云应用支持 Web、移动两种应用模式。

第二层为决策支持平台，基于 ETL、数据抽取、数据治理管理等手段，建设数据建模、数据管理、分析计划引擎等，形成数据集市，支撑用户平台应用。

第三层为经营管理系统核心层，部署 ERP 系统，并与中国石油经营管理应用（如：财务共享、人力共享、集中报销系统等）和中油国际生产运行应用〔如：油气水井生产数据管理系统（海外）、物流管理系统、管道生产管理系统等〕进行信息共享集成。

第四层为集成平台，提供企业服务总线，支持服务接入／输出、服务配置管理、异常处理、集中监控。

第五层为数据管理层，提供公共数据管理和数据治理环境。

第六层为基础管理层，管理硬件设备及其支撑软件。

2）经营管理业务云能力

按照"智能＋业务"的设计思路，考虑数字化转型和智能化预期发展，提出各专业领域 2025 年经营管理信息化发展蓝图。利用完善的国际化管理和运营实践经验，建设中油国际国际化、一体化、全球化的经营管理业务云，实现全球财务管理支持、全球业务运营支持、全球人力资源支持。

（1）全球财务管理支持。

全球财务管理支持具备以下能力：全球化的集团财务管控；支持多国家、多地区、多语言、多准则、多维度的核算体系；不同会计准则下的报表合并；跨国的资金管理和运营；共享服务交付平台建立。

中央财务平台：数据是企业分析决策的基础。中油国际存在多个系统，数据也分散在不同的系统中，给本部的数据汇总带来很大的难题。中央财务平台通过集成、抽取、整合存储的方式实现了数据的完整在线、实时更新，为分析决策出具更准确的数据依据，实现数据及时、自动化传输，保留上传、有利逐步扩展，数据简化式结构存储，数据使用全面多效，便于历史数据审计。

财务机器人：是机器人流程自动化（RPA）中的一种，即实现财务的人工智能，将流程性的事务性工作交给系统自动处理。比如：银行对账、财务报表的检查与转换、发票匹配等。财务机器人可将财务人员从事务性的重复工作

小贴士

RPA 是机器人流程自动化（Robot Process Automation）的简称，RPA 系统是一种应用程序，它通过模仿最终用户在电脑的手动操作方式，提供了另一种方式来使最终用户手动操作流程自动化。

中解脱出来，使其更加聚焦在数据分析、数据决策层面。

财务结账驾驶舱：建立一个面向不同角色的、统一管理各个分支的结账管理平台。通过驾驶舱可对全公司的财务结账工作进行监控、检查，统一管理，推进快捷、制度化办公。

实现税务数字化：支持全球税务业务自动化，将税务确认、计算、报告和合规处理自动化，达到快速适应全球不断变动的法规要求，实现间接税持续合规和税务成本下降。

（2）全球业务管理支持。

全球业务管理支持具备跨国的人、财、物、项目管理能力。

审计管理：梳理个性化应用场景，开展数据整合与提升，升级审计工作模式与方法，利用大数据分析方法深化审计应用。

集中采购：构建操作、管理和决策三位一体的业务运行体系，支持"集中市场、集中资源、共同参与、分散操作"的集中采购模式。

一体化管理报表：建立一套多视角、多维度、多形式的一体化管理报表体系，满足中油国际本部对业务的管理分析需要。如：对外报送财务报表、集团通用报表、板块专用报表、预警类报表。

智能化决策支持：按照中油国际的业务特色，赋能业务洞察，设定不同的分析模板、KPI 指标，满足智能分析的自动化、场景化、敏捷化，实现智能化决策支持。

数据价值挖掘：整合不同来源的数据、信息、成果、经验与知识，发挥历史数据价值，提高数据分析能力；实现企业数据向信息、知识的转移。

简便化访问及界面优化：利用 Fiori 等新技术对用户界面及体验进行颠覆性更新，改善用户界面，提高易用性，用户只需关注与自己相关的功能；基于角色的界面布局，不同角色可

小 贴 士

Fiori 是 SAP 软件和应用程序的新用户体验（UX），它提供了一组应用程序，用于常规业务功能，如工作批准、财务应用程序、计算应用程序和各种自助服务应用程序。

以给予不同主题，组织个性化内容及展示；实现移动应用，随时随地方便进行业务处理和跟踪。

操作改善：操作界面基于角色、待办动态管理，集业务操作、查询、分析于一体，提高业务实时响应度，支持用户角色管理、业务操作管理和业务分析。

（3）全球人力资源支持。

全球人力资源支持具备以下能力：全球组织架构；支持当地薪资、税务、劳动合同等法规要求；员工跨国绩效、薪资管理；支持全球 39 种语言、86 个国家和地区的人事法规。

中方公司人力资源管理：该业务的信息系统支持由共享模式的中国石油人力资源管理系统和中方公司经营管理云人力资源模块共同组成，完成日常业务处理，同时二者之间进行紧密数据交互与共享。

共享模式的中国石油人力资源管理系统将是中油国际本部人力资源部和海外人力资源共享服务中心处理人事业务的核心平台，由业务处理平台、自助服务平台、共享服务平台三支柱组成。

中方公司经营管理云人力资源模块功能将秉承 HRSSC 平台的所有功能，并替代 HRSSC，同时实现与中方管理云的其他业务系统集成和数据共享。

联合公司人力资源管理：未来将在勘探开发、管道运营、炼油化工、投资贸易四朵联合公司经营管理云都部署人力资源管理系统。每朵云将实现该业务板块所有单位统一的人力资源管理系统，满足联合公司人事管理业务，同时实现人力资源管理与其他业务系统集成、数据共享。

联合公司人力资源管理信息化建设，选型采用 HANA 和 HR 云解决方案组合。其优点包括：云产品、界面友好，全 Web 化、配套移动端功能；具有成熟、随即可用人力资源管理模型；灵活配置、开发量小；支持登录、操作的多语言，满足各联合公司多语言管理需要。

HR 云，即 SAP 云化的 HR（Human Resource）管理系统。

具体部署设计如下：核心人力资源管理本

地化部署，包括组织管理、人事管理、时间管理、薪酬管理、报表分析；战略人才管理采用云端部署，包括绩效管理、招聘管理、培训管理、人力规划、继任者管理等。

4. 应用成效

数字化提升对信息技术与企业经营管理紧密结合提出了更高要求，项目的整体实施过程和系统的建成应用为企业经营管理能力的提升以及企业人员综合素质的培养提供了坚实的基础。

经营管理数字化不仅仅是一个信息化项目，同时也是管理提升促进的手段，是利用先进的信息技术驱动管理提升和数字化转型的动力。

经营管理数字化采用成熟的项目方法论，自上而下进行顶层设计，保证全局性、前瞻性和价值驱动，推进管理和系统的同步提升。

在项目实施过程中，通过大量培训、国内外专家交流研讨，可以大幅提升人员的管理、信息技术水平。项目实施中制订的严格的项目管理体系，锻炼了过硬的项目管理人才队伍。项目中围绕云计算、智能、移动、大数据等新型的信息技术进行论证和探索，能够不断积累信息技术的创新人才储备。

经营管理云平台的建设，将进一步规范和固化业务人员的行为，为企业数字化转型和共享服务的实现奠定基础。在系统持续应用的过程中，业务管理和信息技术的紧密结合，促进了企业各级人员的观念转变，为业务创新提供土壤。

在能力提升效益方面，将促进中油国际实现业务协同、高效运营、平台架构和智能决策领域的效益提升。

在业务运营效益方面，实现勘探开发、管道运营、炼油化工及投资贸易四大核心领域的效益提升。

二　智能综合管理

中油国际规划智能综合管理的目的是在综合管理业务领域实现数据统一管理，以及共享、业务全面支撑和覆盖、决策全方位支持和量化、平台快速响应和扩展，满足新形势下的业务发展要求。

1. 建设目标

中方公司：应用先进的数字化技术，建设安全可靠、集中统一、智能高效的专业管理和决策支持共享服务平台，与各类智能化终端全面连接，形成智能化办公环境和决策支持环境，支撑各层级管理人员实现科学决策与精细化管控，有效实行"流程化管控、产品化服务、平台化运营、品牌化输出"的信息化战略，推动中油国际综合管理水平进入中国石油先进行列。

联合公司：应用先进的数字化技术，全面建成匹配公司业务发展需要的集中统一信息平台，实现数据资源充分整合共享，业务流程有效协同贯通，为生产经营管理科学决策与精细化管控提供高效支撑，降低生产经营风险，促进各领域降本增效，保障各项业务工作稳健运营。

2. 建设思路

中方公司：立足业务需要，统筹中国石油统一建设和中油国际自主建设，统筹公有云、私有云、混合云建设，统筹云技术架构和传统技术架构，逐步实现已建各类业务应用的技术架构升级与功能扩展。

联合公司：立足业务需要，采用自主建设与共享云服务相结合的方式来快速建设形成信息化支撑能力，强化统一标准、数据资源共享、业务服务共享，确保信息化支撑体系能够快速适应业务发展与优化。

3. 建设方案

1）综合管理总体应用架构

中油国际未来的信息技术总体架构是包含综合管理应用在内的统一架构，用于支持中油国际总体业务发展需要，在具体应用中根据不同情况进行调整。综合管理应用机构将是总体应用架构的一个有机组成部分。

综合管理应用系统架构由一系列综合业务应用系统组成，它们分别支持不同业务管理和决策。结合综合管理业务对信息化的需求，推进业务系统逻辑集中，实现数据信息的统一、全面、共享。通过统一规划、统一业务需求，构建完整业务中台，形成一个服务功能全面、数据信息充分共享的应用系统，为中油国际综合管理整体业务提供高效的、统一的应用环境，并确保信息在各系统间的畅通流动。

同时根据中方公司和联合公司的业务区别，应用架构也会有所区别，应用架构分为中方公司应用架构和联合公司应用架构（图 4-6-2、图 4-6-3）。

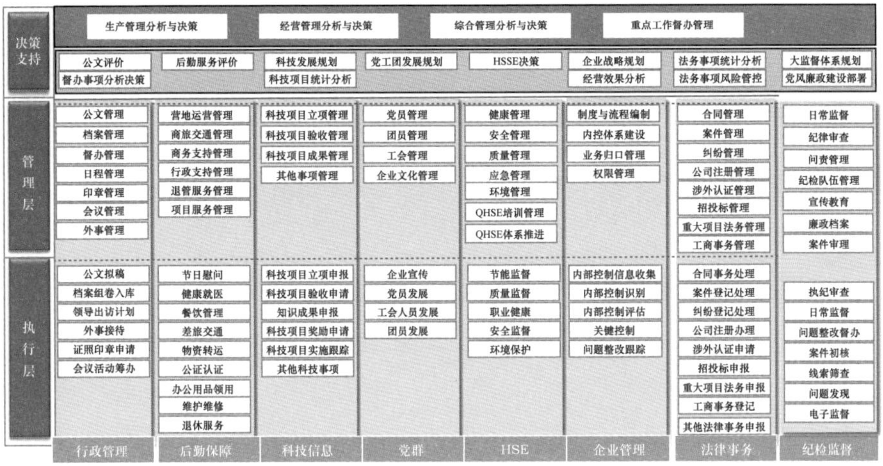

决策支持	生产管理分析与决策		经营管理分析与决策		综合管理分析与决策		重点工作督办管理	
	公文评价 督办事项分析决策	后勤服务评价	科技发展规划 科技项目统计分析	党工团发展规划	HSSE决策	企业战略规划 经营效果分析	法务事项统计分析 法务事项风险管控	大监督体系规划 党风廉政建设部署
管理层	公文管理 档案管理 督办管理 日程管理 印章管理 会议管理 外事管理	营地运营管理 商旅交通管理 商务支持管理 行政支持管理 退管服务管理 项目服务管理	科技项目立项管理 科技项目验收管理 科技项目成果管理 其他事项管理	党员管理 团员管理 工会管理 企业文化管理	健康管理 安全管理 质量管理 应急管理 环境管理 QHSE培训管理 QHSE体系推进	制度与流程编制 内控体系建设 业务归口管理 权限管理	合同管理 案件管理 纠纷管理 公司注册管理 涉外认证管理 招投标管理 重大事项法务管理 工商事务管理	日常监督 纪律审查 问责管理 纪检队伍管理 宣传教育 廉政档案 案件审理
执行层	公文拟稿 档案组卷入库 领导出访计划 车辆接待 证照印章申请 会议活动筹办	节日慰问 健康就医 餐饮管理 差旅交通 物资转运 公证认证 办公用品领用 维护维修 退休服务	科技项目立项申请 科技项目验收申请 知识成果申请 科技项目奖励申请 科技项目实施跟踪 其他科技事项	企业宣传 党员发展 工会人员发展 团员发展	节能监督 质量监督 职业健康 安全监督 环境保护	内部控制信息收集 内部控制识别 内部控制评估 问题整改跟踪	合同事务处理 案件登记处理 纠纷处理办理 公司注册办理 涉外认证申请 招投标申报 重大法务事项申请 工商事务登记 其他法律事务申报	执纪审查 日常监督 问题整改督办 案件审核 线索筛查 问题发现 电子监督
	行政管理	后勤保障	科技信息	党群	HSSE	企业管理	法律事务	纪检监督

● 图 4-6-2　中方公司综合管理应用架构

中方公司应用系统架构设计从全局战略和整体业务需求出发，建设集中统一的综合管理应用，图 4-6-2 中采用覆盖业务的方法归纳出中方公司的综合管理类应用，应用包含协同办公应用、后勤保障服务应用、文档与知识管理应用、党建管理应用、HSSE 管理应用、企业风险管理应用、决策支持应用等，分别覆盖行政管理、后勤保障、科技信息、党群管理、HSSE 管理、企业管理、法律事务、纪检监督等综合管理业务，支持执行层、管理层、决策支持等层级的综合管理。

与中方公司综合管理业务相比，联合公司综合管理业务不设党群管理及纪检监督两个业务领域，故应用架构也有所区别。联合公司综合管理应用架构覆盖的综合管理类应用包含协同办公应用、后勤保障服务应用、文档与知识管理应用、HSSE管理应用、企业风险管理应用、决策支持应用等，覆盖行政管理、后勤保障、科技信息、HSSE 管理、企业管理、法律事务等综合管理业务，支持执行层、管理层、决策支持等层级的综合管理。

	生产管理分析与决策	经营管理分析与决策	综合管理分析与决策	重点工作督办管理
决策支持	公文评价	后勤服务评价	科技发展规划	HSSE决策	企业战略规划	法务事项统计分析
	督办事项分析决策		科技项目统计分析		经营效果分析	法务事项风险管控
管理层	公文管理	营地运营管理	科技项目立项管理	健康管理	制度与流程编制	合同管理
	档案管理	商旅交通管理	科技项目验收管理	安全管理	内控体系建设	案件管理
	督办管理	商务支持管理	科技项目成果管理	质量管理	业务归口管理	纠纷管理
	日程管理	行政支持管理	其他事项管理	应急管理	权限管理	公司注册管理
	印章管理			环境管理		涉外认证管理
	会议管理					招投标管理
	外事管理					重大项目法务管理
						工商事务管理
执行层	公文拟稿	节日慰问	科技项目立项申报	节能监督	内部控制信息收集	合同事务处理
	档案组卷入库	健康就医	科技项目验收申请	质量监督	内部控制识别	案件登记处理
	领导出访计划	餐饮管理	知识成果申报	职业健康	内部控制评估	纠纷登记处理
	外事接待	差旅交通	科技项目奖励申请	安全监督	关键控制	公司注册办理
	证照印章申请	物资转运	科技项目实施跟踪	环境保护	问题整改跟踪	涉外认证申请
	会议活动筹办	维护维修	其他科技事项			招投标申报
		办公用品领用				重大项目法务申报
						工商事务登记
						其他法律事务申报
	行政管理	营地管理	科技信息	HSE	企业管理	法律事务

● 图4-6-3 联合公司综合管理应用架构

2）综合管理业务场景设计

（1）决策支持中心。

建设基于云平台的决策支持中心，全面集成生产经营、运行监控、应急信息等数据，在有效的安全防护措施下，通过多种技术实现指挥交互和汇总展示，实现跨部门、跨区域的数据共享和业务协同，为中方公司、联合公司各级领导提供数据精准、贴近实际、业务协调、信息融合的工作现场。

（2）一站式综合办公。

通过构建智能感知一站式综合办公场景，结合人脸识别技术，实现考勤、网络、会议、工位的实时在线管理，优化授权、鉴权流程，提高工作效率。通过智能差旅、协同办公生态体系的建设，实现跨部门、跨地域的办公模式，达到节约时间、节省成本、提高工作效率的目的，同时可降低巡检频次，提高办公区安全管控。

4. 应用成效

智能综合管理将促进中油国际信息化水平进一步提高，有效提升中油国际综合办公管理能力。从业务角度来说，综合管理信息化项目实施将起到降本增效的作用，通过降本增效带来项目的定性收益，主要包括降低成本、提高效率、加强管理。

从信息化共享、规范流程、提高办公水平等方面来说，通过综合管理信息化的实施，从多方面改善海外勘探开发业务的信息化管理水平，并带来显著效果，包括：有利于信息共享和信息资源综合利用，有利于提升综合办公水平，有利于提高风险防控能力，整合现有资源，减少重复建设。

三　一体化运营管理

2020年5月，中国石油对数字化转型智能化发展进行了工作部署，并将"建设一体化运营管理体系"列入数字化转型智能化发展的重要建设内容，要求通过信息系统集成应用，实现销售、研发、生产、采购、售后等价值链环节的一体化运作。加强不同部门业务在线协同，开展跨领域、跨区域、跨环节集成运作。利用中国石油统一经营管理平台，实现人、财、物、采购、销售等重点资源与业务的精准管控和全局优化。中油国际积极响应数字化转型智能化发展建设工作，就建设一体化运营管理体系要求，提出了向一体化运营管理转型的基本构想。

下文将简要介绍一体化运营管理基本构想，包括建设思路、重点建设内容。

1. 建设思路

总体上，加强各部门业务在线集成应用能力，开展跨领域、跨区域、跨环节集成运作。实现人、财、物、生产、销售、设备等重点资源与业务的精准管控和全局优化，以及油气上中下游业务集物流、资金流和信息流的三流合一。

技术上，通过 ERP 与生产管理相结合，保证各业务部门在统一平台上协同工作，ERP 各功能模块无缝集成，打通生产管理与计划、采购、仓储、消耗等供应链数据，促进跨业务流程整合和信息共享（如：实时检索库存信息共享，支撑物料的全生命周期管理），支撑项目公司业务精细化管理和规范化运作，进行生产运营动态实时跟踪（如：特种大型设备运行监控）、多维度量化分析建设及生产运营效益分析，实现经营管理全过程控制，促进经营业务从分散管理向集中管控转变。

2. 重点建设内容

一体化运营管理的基本构想，是围绕销售、研发、生产、采购、售后等价值链环节的一体化运作理念，建设相关应用场景，包括以下几个方面。

1）经营管理一体化平台

利用新一代的数据仓库技术，打通 ERP 系统与生产管理系统，建设经营管理统一平台，面向不同层级管理决策者，构建生产管理指标体系，提供关键生产经营指标的综合展示与分析，利用数据驱动，优化生产经营管理决策，并结合人工智能技术，建立不同业务场景下的最优决策模型，辅助用户决策，提高决策效率。

核心建设内容主要有三方面：一是建设经营管理一体化平台，以 ERP 系统为核心，整合各个专业信息系统，构建联合公司内的统一集成平台，优化业务运营和监控，提升管理水平，实现一体化业务管控和一体化供应链管理，推进业务垂直管理及决策分析，在现有经营管理基础上增加 HR 管理、招投标采购管理、工作流管理等内容，实现业务、财务的信息流、数据流、业务流三流合一，闭环管理。二是信息系统性能及效能升级，ECC 升级到 S4 系统，使用更卓越的内存计算技术，大幅提升系统性能，更好地适应业务的变化，处理更复杂的数据，提高系统效率，提高企业效能，三是标准化贯通集成，对业务、系统、数据标准进行梳理，形成标准规范体系，有效贯通企业的数据流和业务流，提高企业分析数据来源的一致性和及时性，为企业的分析决策提供更准确、更高效的数据依据。

2）物资管理数字化

以智能化物资管理为目标，实现对设备及物资从需求计划、采购、验收、检测、仓储到配送的全流程动态管理。

核心建设内容：一是智能资产识别。使用 RFID 电子标签作为设备及物资的主要标识，实现包括到货、仓储、检定、配送、安装、回收的全生命周期的智能识别、跟踪定位、监控管理。二是智能仓储管理。对集中仓储的设备

小 贴 士

RFID 是无线射频识别（Radio Frequency Identification）的简称，是自动识别技术的一种，可通过无线射频方式进行非接触双向数据通信。

及物资出入仓库进行管理。设备及物资出入库时，经智能资产识别后，实现自动出入库管理。通过货架 RFID 标签和地埋 RFID 标签实现精确到库位的管理，快速实现理货及实时盘点。通过上下架策略优化仓库空间利用率，提高周转率。通过叉车 RFID 设备、RFID 手持机、RFID 出入库门禁读写设备、电子看板和各类报表实现对仓库管理过程可视化和信息可视化。建立预警机制，根据仓容定额、库存量和库龄等信息，实现库存自动预警。

3）数字化人才培养

通过对中外方员工的培训、考核，调动员工积极性，发挥员工潜能，提升员工技能，加强业务人员对信息技术、IT 人员对油田业务运行的学习及掌握，从而准确把握数字化转型智能化发展的重点和痛点，推进数字化转型智能化发展，基于数字化转型培养高水平、复合型人才队伍。

核心建设内容有三方面：一是技能培训。积极开展多形式、多层次的信息技术、业务培训，建立在岗人员信息技术培训制度和绩效考核制度，提高全员信息化技能和项目公司信息技术整体应用水平。二是人才赋能。利用人工智能、知识图谱等新技术建立自助化、自动化的知识管理与专家经验传承，特别是使一线人员成为熟练使用数字化设备和软件的"数字化员工"。三是本地化。需要围绕业务需求，提高服务意识，积极推广本地化战略，实行小信息技术管理 + 大服务模式，逐步推进数字化员工本地化的进程。

4）设备全生命周期管理

开发设备管理信息平台，建立设备物资统一标识体系，开发应用数字化交付、状态监测、智能决策等技术，实现设备风险有效管控、价值最大化和业务闭环管理，助力设备长周期稳定运行、预知性维护，降低运行风险、盘活设备资产。主要内容包括设备档案标准化管理、状态全景监测、全景可视化、故障诊断和预知性检维修等。

5）业财融合管理

探索业财深度融合管理模式，建设一套"统筹规划、覆盖全局、资源共享、高效协同、闭环管控、智能运营"的信息化平台工具，能充分发挥资源共享（数据、信息、人、财、物等）与协同优势，支撑生产经营业务规范化运营，提升过程管控和成本管控能力，提高协同效率和服务水平，解放和释放财务、业务人员生产力，将工作重心逐步向生产经营前端和现场转移，发挥管理部门的服务职能和价值引领作用。

6）决策支持中心

面向公司决策层提供人、财、物、生产等指标数字驾驶舱，提供辅助决策功能。核心建设内容包括：通过数据共享集成，构建公司生产经营辅助决策系统，对公司人、财、物和生产等指标进行实时展示和查询，提高公司科学决策能力和响应能力。

一体化运营管理转型将助力中方公司和联合公司业务管控智能化，实现人、财、物、采购、销售等重点资源与业务的精准管控和全局优化，促进降本增效、高质量发展。

第七节　知识共享与决策支持中心

海外油气田合理、高效、安全的开发，离不开国内各研究院、油公司支持队伍及各类技术服务单位高效率的协同工作。但是由于时差、语言、标准和工作习惯不同，在数据收集整理、研究成果共享管理、不同软件数据成果共享、专家经验知识共享、研究与设计过程监控、技术交流对接、研究成果实施效果反馈等方面的协同研究工作效果并不够理想，目前还有很大的提升空间。因此需要找到一种合理的解决方案，建立一个生产—研究—决策协同工作环境，实现跨组织、跨学科、跨平台、跨地域的协同研究线上工作环境，提高"生产—生产""研究—研究""生产—研究"之间的协同工作效率。

依托梦想云平台协同研究环境和决策支持环境，建设知识共享与决策支持中心，主要内容包括：基于统一且共享的信息化平台管理海外油气田勘探开发生产、管道集输和炼油化工的科研及生产活动；提供对油气田生产的指导方案；提供油气开发生产形势分析；制订与调整生产作业、工程建设、管道集输等业务活动计划与目标；提供对紧急生产事件的应急响应和处理技术支持等功能；形成油气田"生命周期"循环管理，实现从生产研究到措施生产到决策支持的一体化流水线式管理。

知识共享与决策支持中心的用户主要是油气田管理人员和后方的科研人员。知识共享与决策支持中心的建设在数据和专业功能服务上依赖于智能油气藏、智能生产中心和智能运营中心的建设成果。

下面选取四个核心业务应用场景及其发展愿景，描述其在知识共享和决策支持类业务应用中，通过新型的数字与智能技术可进一步深化建设的设想与思路。

一　方案辅助设计

油气田勘探开发部署是从各种方案的研究和编制开始的。常见的方案包括开发规划、开发方案、产能建设方案、钻采方案、各类施工作业设计以及进行服务商招标的招标方案等，覆盖了油气田开发工作的方方面面。

方案设计是油气田开发的纲领性工作。其形成的具体方案通常会指导一段时期或区域范围内的油气开发具体实施工作。方案设计需要有资料的整理和消化，要根据油气田特性提出合理的勘探开发步骤和措施。方案的编制通常会涉及设计目的、设计原则、资料分析过程、计划及落地措施编制、综合效益及指标评估等方面。

通过信息化辅助方案设计，提高方案编制的效率和质量，主要包括四个方面：一是通过大数据、自然语言识别等技术快速分析结构化数据、半结构化数据、非结构化数据，提取关键特征，辅助规律总结和归纳；二是通过图形图像的智能识别技术，识别非结构化的位图信息，学习从图件中获取地质特征；三是通过深度学习等人工智能技术，提高油气田开发综合评价水平；四是基于方案设计的工作流程，聚合不同业务节点可以用到的信息技术，丰富方案研究的手段，提高整个流程中数据流转的效率，缩短方案研究的周期。

"十四五"期间，结合目前比较成熟的大数据技术，可以着力发展以下技术以提升方案辅助设计的效率。

1. 石油专业大数据引擎及推荐系统

在数字化建设尚未开展时，方案设计中接近一半的工作量是收集和整理资料。到"十三五"数字化建设基本覆盖后，如何利用好已经数字化的资料是下一步工作的重点。

对比通用大数据引擎，石油专业大数据引擎建设除了能够提供对结构化数据的检索外，更重要的是对大量的半结构化和非结构化专业数据提供解析和读取支持。半结构化数据如测井数据文件的解析支持可以通过开发文件格式解析工具解决。非结构化数据如大量 MS Word 和 Adobe PDF 文件的解析，则需要通过自然语言识别和知识图谱技术从中提取可供借鉴的技术和专家知识。

推荐系统广泛使用于电商、新闻、短视频等网络平台，根据用户历史检索信息和喜好推荐用户可能感兴趣的内容。构建石油专业推荐系统，基于专业大数据引擎，根据业务特征关键词制订检索 / 推荐规则，包括用户岗位、近期开展的工作（所从事的项目信息）和检索历史等信息，使检索结果更符合用户当前需求，提供更高的数据检索效率。

基于石油专业大数据引擎和推荐系统，可以简化数据整理、格式转换和检索流程。通过结合专业软件云的部署打通建立企业数据到专业软件一键式推送通道，并可从远程或乙方专业软件中获取各类研究与设计成果，提高数据收集和整理效率，最终在降低研究人员工作强度的同时，提高方案编制效率。图 4-7-1 是专业推荐系统的整体架构示意图。

构建海外石油专业大数据引擎，需要付出更多的努力。在国内只需要处理基于汉语的自然语言识别功能，且商用和开源的自然语言识别开发包已经处于国际先进水平，但在海外尚需支持英语、法语、俄语、西班牙语等多种常用语言。另外海外大数据引擎也应该能良好地适应多量纲系统，能够处理各个不同量纲间的数据即时转换。

2. 历史图件智能数字化识别引擎

在海外油气田尤其是老油气田，存在很多历史纸质资料或纸质资料的扫描图像文件，这些数据以图片文件的形式存在，通常无法自动提取其中的专业数据，造成资料复用困难。将这些图像资料进行数字化是一项重要的工作。但由于以往的数字化工作主要依赖于数字化仪，识别效率相当低。克拉玛依油田曾投入了相当人力进行历史测井曲线的数字化工作，花费三年时间才数字化了十分之一的测井曲线资料。

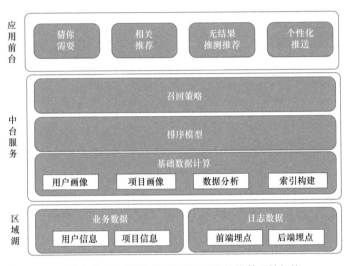

● 图4-7-1 可集成于梦想云平台的推荐系统架构

目前图像识别功能已经非常成熟，历史文档图像中的文字内容已经可以高效地转换成文本文件。但图件的识别技术依旧处于发展过程中。目前测井曲线图件的自动识别技术是研究热点。较以前人工通过数字化仪按间隔点取测井曲线的识别方式，数字化速度明显加快。应用测井图件自动数字化识别技术不仅可以提高方案编制效率，同时也可以促进数据建设。

由于历史测井图件多是老式蓝图资料，其本身在当时晒制时就存在底色不均匀、曲线与背景对比度不强的问题，加上多年存放，受空气潮湿、多年翻阅等因素导致的图像污染，识别测井图件通常要对测井扫描图像先做消噪处理，强化背景和曲线的对比度。消噪后目前使用的霍夫曼变换方法存在计算量大的问题，而且由于老式测井曲线多采用不连续的点划线样式，存在曲线变化趋势拾取不准的问题，尤其是在多条曲线交会的地方，判断曲线的走势是一个难题。探索研究新的更高效准哈里伯顿 DecisionSpace WellPlanning 可以通过油藏建模数据快速选择有利价值区，并结合地下靶区设置和地面/海面的井口/平台条件，自动形成井网，并估算建设费用。

DrillingPlan 是斯伦贝谢公司 DELFI 平台的组成部分，不仅仅提供钻井工程设计功能，还从规划、执行、调整、评估和质量控制等方面全方位形成了钻前设计、钻后评估优化的一整套科学钻井解决方案。

确的曲线识别算法或结合人机交互，处理曲线自动识别不准确的部位是进一步发展曲线图像识别技术的可选方案。

3. 多权重方案设计辅助评价系统

设计方案评价指标可以基于改变不同指标的权重，自动生成多套方案供研究和决策人员选择。通过量化和改变方案设计中的一些指标，比如渗透率、孔隙度、含油饱和度等储层物性特征，选取地下目的层位中符合指标的位置作为靶区，结合地面井口设置要求、井轨迹设计要求（比如最大狗腿角限制、水平段长度限制，是否支持多分支）等指标快速生成井网，形成不同的开发方案或产能建设方案，还可以进一步根据施工成本数据得到不同方案的成本费用，最终通过研究人员分析对比找出最优方案。

能够体系化地串联多个不同流水线业务形成整体解决方案，是目前专业软件和信息系统的发展趋势。国际石油软件公司都有相应产品不断推出，如哈里伯顿公司的 DecisionSpace WellPlanning、斯伦贝谢公司的 DrillingPlan 等产品都是将原来独立的专业计算和应用功能通过业务流和智能化新技术结合成整体的业务解决方案。

二　井位部署决策

井位部署的论证和决策是油气田勘探开发最重要的工作之一，直接决定探井钻探成功率和油气田开发生产效率及经济效益（图 4-7-2）。井位部署决策主要包括两个方面的工作：一是地下靶区的选择；二是地面井场的选择。地下靶区的选择是根据前期勘探开发资料、开发方案、产能建设方案的要求，选择地下目的层位上有利于发现油气和提高油气生产效率的位置。地面井场的选择通常需要依从若干原则，首要的原则是"地面服从井下，地下照顾地面"；其次包括井位选择必须满足地质设计、井深和采油气工艺的要求，有利于提高管理水平和经济效益原则；再次，对于陆上井位要全面考虑地形、地势、表层土质、地下水位、排水条件等地形条件和交通状况、油气管线等自然、社会、油气田开发基础条件及规划要求等情况；最后，要满足安全和环境保护的各类要求。

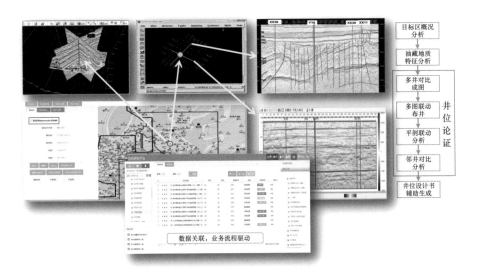

● 图 4-7-2　井位部署决策业务信息化流程

通过智能油气田统一数据湖和服务中台建设，建设符合井位部署研究和决策业务特点的专业决策支持环境，可以提高井位部署决策的效率和准确性。通过信息化手段，建立基于丰富数据支持的大数据环境，结合各学科专家知识，可以改变资料收集耗时费力，人力越来越不能承受和记忆海量数据，从海量资料中进行数据分析、抽提规律工作的现状。

基于"十三五"信息化建设搭建的海外数据环境和应用环境，通过引入适合海外项目公司运作的智能化信息技术，可以辅助缓解项目公司人力资源紧张，提高井网部署效率，提升油气田精细化研究程度；智能化的井位部署决策作为决策支持功能中的一项业务工作场景来加以实现，除了可以改变部门之间、甲乙方之间、前后方之间相对独立的业务运作模式为即时协同运作模式外，还可以提供一系列深化应用功能来辅助论证决策。利用中国石油已发布的梦想云平台，可以有效支撑上述业务的快速开展。

基于梦想云平台的井位部署决策系统已经初步开发完成，并在中国石油冀东油田和塔里木油田投入使用。具备多学科数据按需钻取、数据/图件联动、多图联动等实用功能，可以根据论证需求，即时切割地震等数据体形成所需的地层剖面、即时生成多井连井剖面。智能化的井位部署决策系统可以通过以下新型技术提高井位部署前期研究工作效率、丰富决策手段。

1. 基于新型虚拟现实技术的地下地质模型展示系统

基于 AR 虚拟现实技术或全息投影建立地下地质三维模型，实现虚拟现实研究平台。实现对地质、油藏、地震、测井、钻井、地物、装置等对象的虚拟化管理，围绕研究目标建立协同工作流场景，帮助研究人员更加形象、高效地开展研究工作。

虚拟现实研究平台主要包括沉浸式体验环境建设、跨领域协作、体感交互等方面。

通过头戴式眼镜可以创建目前流行的 AR 体验环境；通过全息投影可以创建裸眼 3D 展示效果。

通过跨域协作可以建设三维数据集成展示环境，能够生成三维 AR 或全息场景的数据集成，且展示环境通常要能够支持多维摄像机设置。

体感交互提供对人体动作的捕捉功能，通过不同的人体手部、姿态动作、眼球动作执行旋转、缩放、选中、切片等操作。

图 4-7-3 是昆仑数智开发的 AR 头戴式眼镜设备，可以提供虚拟投屏的 AR 体验。目前已成功搭建了生产巡检现场的 AR 智能辅助巡

小贴士

多维摄像机设置是以摄像机或照相机表示三维图形学中不同的视角。

检系统。基于该设备，提供井位部署决策的三维数据展示场景，即可建成基于 AR 和体感交互的地下地质模型展示系统。

● 图 4-7-3　可扩展功能的 AR 头戴设备

2. 结合数字孪生的油气藏建模

基于数字孪生和油气藏建模技术，构建动态的油气藏模型。通过数字孪生技术获取实时油气田开发数据，结合油气藏建模技术，进行油气藏建模，并体现油气藏的实时变化情况。通过加入虚拟井模拟待建设井网投入生产后油气藏的变化情况和变化趋势，用于优选开发及产能建设方案。

通过结合数字孪生，可以直观地再现油气藏开发历程，为油藏开发方案论证、开发动态预警、剩余油分布及挖潜分析提供辅助决策支持（图 4-7-4）。

三　生产指挥决策

针对技术决策、管理决策场景，基于云平台、数据湖整合各类信息，应用高分可视、智能报表、智能 OA、风险模型、人工智能等新技术，建设一体化指挥管控平台，实现生产数据的共享服务与智能应用，推进油田生产管理转型升级，提升油

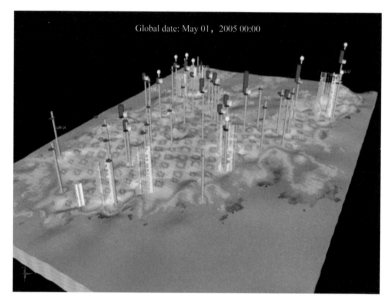

Global date: May 01, 2005 00:00

● 图 4-7-4　结合数字孪生，显示给定日期的油藏状况示意图

田生产管控模式和管控能力的现代化水平。

基于智能油气藏和智能生产中心，提出对作业活动的需求，生产指挥决策系统提供对作业需求的复核和作业资源的调度。针对处于实施和计划的各类作业活动，结合可用作业资源自动形成作业计划。作业计划包括事前准备工作安排，资源安排如设备、队伍、物资、车辆，跨部门通知协调、事后收尾、资料汇交管理等。生产指挥决策系统应该为油田生产指挥／调度中心提供自动化程度更高的生产调度系统。如何实现多来源、多方位、全价值链的数据分析是下步急需开展的建设内容和研究课题。

接入生产调度、应急指挥、方案协同论证、专家支持等应用，通过跨专业的业务流程设计与优化实现各业务环节的高效协同，大幅提升工作效率；以智能预警和智能分析结论为依据，利用协同的研究环境或生产指挥中心，提高科学决策能力。具体落实可以结合相关基础设施和项目建设，实现如下效果。

1. 高度集成

作为生产运行和技术支持的统一平台，将生产运行相关各类生产数据、各种音视频信号、各类研究成果／方案、各专业技术支持力量集成起来。在信息获取上实现"听""说""看""录""查"全功能覆盖；在技术支持上做到实时技术指导和决策安排。

2. 生产运行可视化

建设全方位的二 / 三维 GIS、组态、数字孪生应用，叠加不同类型的生产运行数据，通过专业化的数据展示样式提高数据可辨识效果。

3. 高度协同

可以形成随时全员高效协同，根据数字化、流程化的工作计划或应急预案，自动启动任务工作流、自动派发工作任务。

计算机、监控中心、移动端互联互通，实现全方位的通信联络和工作环境。

可以进行事前预测预警，事中展示各种任务活动中的要素信息，并实现自动追踪要素完成情况，事后实现活动评估、总结经验教训，实现对业务活动的全周期管理。

四　应急响应与技术支持

应急响应与技术支持包括常态下的日常应急信息管理和非常态下的突发事件应急响应与技术支持等应急工作，包括应急响应与技术支持信息管理、应急响应救援队伍建设、作业风险识别评估与预警、海外社会 / 法规风险评估与预警、应急预案制订与管理、HSSE 管理等内容。

系统建设目标是实现全过程、全场景的智能化管理，达到应急响应和 HSSE 业务高效精准联动与快速响应，建设应急指挥系统、应急预案系统和应急资源管理系统。可识别的风险包括高危作业安全管理、施工现场可视化监控、重大危险源管控与预警、特种设备运行实时监控、油气泄漏监测预警、消防设施管控、安全风险与隐患识别、环境在线监测、非合规操作预警、海外社会安全风险分析与预警、应急救援事件跟踪与反馈、HSSE 考核与管理等功能。

通过系统实施达到降低风险、提高安全生产管理效率，减少环保监控盲点、提升环保效率和效益，防范海外社会安全风险、保障员工人身安全的目的。

与通常的应急响应系统不同，更高效智能的应急响应系统应该增强的能力包括以下几个方面。

1. 社会风险识别引擎

通过新闻聚合引擎，结合大数据、推荐系统分析，根据定制的社会风险识别关键词，提供社会安全新闻推送和风险级别识别分析。同时，该引擎可以部署在本部、海外各地区公司、项目公司，成为本部现有风险识别和发布系统的有机补充。

2. 基于北斗导航系统的卫星通信和接收系统

鉴于北斗系统的覆盖范围和精度已经超过 GPS 系统，建设适应海外作业环境的基于北斗系统的人员、车辆、设备监控系统可以增强海外项目公司的抗风险能力。

北斗卫星导航系统是中国自主发展、独立运行的全球卫星导航系统。由空间段、地面段和用户段三部分组成，空间段包括 5 颗静止轨道卫星和 30 颗非静止轨道卫星，地面段包括主控站、注入站和监测站等，用户段包括北斗用户终端以及与其他卫星导航系统兼容的终端，如手机和其他可定位设备。目前国内不少油田已经开始在 GPS 系统基础上，对北斗导航系统进行适配建设。其中北斗短报文服务支持终端用户发送短信息，通过短报文可以弥补一般商业移动通信网络的不足，当移动通信网络中断时，仍然能够实现监控中心和现场的短信交流，尤其适用于偏远地区和移动通信中断情况下的应急指挥和救援（图 4-7-5）。

上述四个典型业务场景，论述了知识共享与决策支持中心的应用。这些应用并不是孤立的系统，而是和智能化建设及其他系统息息相关，需要其他系统提供共享的数据和服务支持，通过共享中国石油梦想云平台和数据主湖、区域湖建设成果，中油国际可以快速、有效地从技术上奠定数据和服务共享的基础。

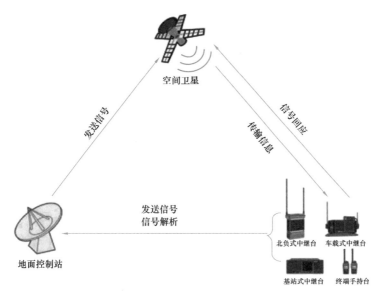

　　发送信号

　　空间卫星

　　信号回应

　　传输信息

　　发送信号
　　信号解析

　　地面控制站

　　北负式中继台　车载式中继台

　　基站式中继台　终端手持台

● 图 4-7-5　北斗短报文传输机制示意图

第八节　业务转型与发展

　　数字化转型是在企业发展战略动因引领之下，按照确定转型目标、明确转型方向、构建新型能力、赋能业务过程、重塑新型业态、构建新模式新生态的总体路线向前推进。其中，围绕企业发展战略构建或打造新型能力、赋能业务过程是数字化转型的关键环节，也是本书呈献给读者的重点内容。如前所述，国际形势的快速变化，绿色能源与去碳化的需求，能源安全与社会责任，企业经营与发展，科技进步与价值追求等均对中油国际数字化转型提出了战略需求；构建低碳环保、安全可控、智能高效的勘探、开发、生产与全球化运营体系成为中油国际数字化转型的重点目标和发展方向。

　　针对企业数字化转型的目标和方向，要以数据价值挖掘与创造为主线，完善治理体系，采用系统性的解决方案，聚焦新型能力创造，赋能业务创新与转型，打造新型能力，创新业务模式，获取可持续的竞争与合作优势，成为战略实现的主要手段。

本节就中油国际业务管控模式、业务运营模式、资产运营模式转型作进一步展望。

一 业务管控模式转型

1. 促进组织变革与文化转型

在组织结构转型过程中，不可避免地要清理妨碍转变的历史包袱，如：不能实现统一平台集成的孤立信息系统，落后而不利于转型的工作规定，僵化的评价机制、激励政策与管理措施，低效的组织机构设置等。借助数字智能平台和数据挖掘等技术，构建新型的业务及管理模式，通过新型管理制度为转型护航，成为企业转型发展的技术驱动力。

数字化转型必将带来企业文化的转型，通过建立符合企业发展、员工主动参与的明确愿景，让组织和员工协调发展，使员工拥抱组织文化，实现共同目标和文化认同；数字化转型将建立柔性、扁平化的组织和制度，制订清晰的激励机制，充分激活员工内驱力，使员工参与公司未来愿景及转型战略的制订和改进，实现为员工赋能，从而增强企业活力；数字化转型将带来协作模式的转型，通过 IT 部门与业务部门的紧密协作，利用移动办公、灵活的内容和应用配套集成，实现组织协同甚至是实时协同；数字化转型将建立更加开放的组织，轻量化的跨业务边界团队将不断涌现，通过上中下游业务协同、人财物的服务协同，共同推进本部、项目公司的提质增效。通过创建转型试点推进工作，推动创新成果的全面应用，打造中油国际的整体转型变革能力，这将成为企业前进的引擎，永不停歇地奔驰在数字化转型的高速路上。

2. 推动业务流程灵活重构

以价值创造为核心，基于业务场景和数据驱动重构业务流程，实现业务流程的灵活编排，提高端到端的效率，极大提高对业务活动的质量、内控、授权、行权、监控、时间、地点、服务的管控，承载授权体系，支撑流程行为的可追溯性和可视性。在生产操作、生产管理、经营管理和综合管理四条主线上，实现横向流程与数据联通，纵向上实现现场—项目公司—地区公司—本部数据流程通道的畅通。以数据流动共享作为业务流程的创新驱动力，推动中油国际业务流程改造，以大平台来支撑众多小的、可无限扩展的独立业务单元，最终优化人力、资金、物资、技术的资源配置，提高企业价值创造力。

二　业务运营模式转型

1. 加速新技术获取与应用

通过对工业互联网、物联网、大数据、人工智能等先进技术在油气勘探开发生产经营过程中的应用，不断推进 IT 技术与业务规则、专业技术的有效融合，推进"业务在线，随时随地"，打通业务瓶颈和管理壁垒。通过对数据资产的梳理、分类、采集、存储和应用，提升数据资产价值和数据分析应用能力，为中油国际生产、销售、管控等提供支撑。通过新技术打造新型能力，持续建设、运行和改进新能力，以支持业务敏捷响应、按需调用，根据国际市场原油价格、产能、销量、存量的变化及时调整生产策略，实现敏捷决策与调整，取得市场竞争优势。

2. 聚焦数据共享与应用

在数字经济时代，资产管理的重点将向数字化资产管理转变，将数据置于战略性核心资产的地位，不断强化数据在组织模式、流程再造、新技术应用中的重要作用，拓展数据使用的深度和广度，将数据作为创新发展的驱动力。数据将在勘探、开发、生产、储运、炼化等业务链条间自动流转，在合适的时间传递给需要的人，形成自由流动的体制机制，高效整合人、财、物等资产，盘活数据价值，是油气产量之外的重要价值增长点。数据治理始终贯穿在转型过程中，掌握准确、有价值的信息，是转型成功的关键。通过数据挖掘，不断促进转型升级和创新发展，形成良性循环。油气行业的数据量小于互联网行业，但数据结构却更为复杂，数据内涵也更为深刻，针对关键点使用小数据的分析方法进行相关性、因果性分析，将产生以小博大的效益；同时针对海量实时数据进行大数据全量分析，将为生产降故障、提效率提供支撑。

3. 业务应用全面发力

未来将实现统一的智能分析控制平台，在平台上实现人员、资产、活动、过程、控制、成果的统一收集与处理，结合先进信息与智能技术，通过分析海量数据，实时完成生产运营、优化分析、决策支持、应急响应、智能管理与决策，实现油气田智能化开发运营。在监测方面，模型从地上向地下发展，通过三维可视化、虚拟现实、全息投影等技术实现地上地下一体化数字孪生，为生产、决策提供直接视觉支持。在决策分析方面，通过更多更准确的算法实现决策分析的智能化，从辅助决策转变为自动决策。在生产优化方面，利用不断增强的计算能力和可视化能力，解决复杂油藏条件下的生产优化问题，有效提高采收率；通过对井位和井网的优化设计，能够提高生产效率。在自动化方面，智能钻井能够实现全自动钻井和远程操控，从而加快钻进速度、降低成本、减少事故；智能管道将实现全流程智能化，提高运营效率、降低运行成本。

三　资产运营模式转型

人力资源管理、财务管理、物资管理、数据管理等共享资源"中台化"，基于中台进行资产经济回报与勘探风险分析，对全球项目的各类资产进行再平衡，通过不断迭代优化，创新商业模式和运营模式，由"长而慢"向"短平快"发展。供应链、产业链基于数据平台实现共享，通过平台联接业务、人、团队和知识以及所需要的所有设备设施资源，降低运营成本和提高运营效率。伴随着自动化程度的不断提高，管理物理资产的方式也在快速改变，物联网和数字孪生等技术将增强本部、地区公司和项目公司对资产状况监控、问题预警和预测未来绩效的能力，催生方法灵活、多学科协作、以用户／产品／资产为中心的新型运营模式。

四 回归数字化转型的本质

借鉴安筱鹏（2019）数字化转型 2.0 主题发言中所说，数字化转型的本质是在"数据 + 算法"定义的世界中，以数据的自动流动化解复杂系统的不确定性，优化资源配置效率，构建企业新型竞争优势。

数字化转型的本质包括但不限于：

（1）适应竞争环境的快速变化，更好地满足客户需求。这一过程需要通过业务数字化，实现业务信息化、工作协同化、沟通电子化、计算自动化。

（2）对客户的不确定性及差异性快速作出反应，要求供应链及产业链能够快速地、实时地、精准地作出反应。

（3）应对制造系统的复杂性，包括制造系统本身、产品与需求的复杂性。通过数字仿真技术构建制造系统的数字孪生体，将产品与需求进行数字化建模与分析，通过智能调参实现快速加工与生产。

（4）适应商业形态的变化。通过数字化与信息化实现与各种商业系统的互联互通，适应各种商业形态变化。

（5）确保正确地做事和做正确的事。通过实时度量与监测确保正确地做事（过程正确—结果正确）；通过基于"数据 + 算法"的决策（包括描述—洞察—预测—决策过程）确保做正确的事。

中信联标准化技术委员会为加强以标准引领推进数字化转型，助力两化融合管理体系贯标 2.0，组织相关单位研制了《数字化转型 参考架构》（T/AIITRE 10001）《数字化转型 价值效益参考模型》（T/AIITRE 10002）《数字化转型 新型能力体系建设指南》（T/AIITRE 20001）《信息化和工业化融合管理体系 新型能力分级要求》（T/AIITRE 10003）《信息化和工业化融合管理体系 评定分级指南》（T/AIITRE 20002）等标准，为企业数字化转型提供系统性方法论支持，标志着数字化转型步入了正轨，开启了企业数字化转型的 2.0 时代（图 4-8-1）。

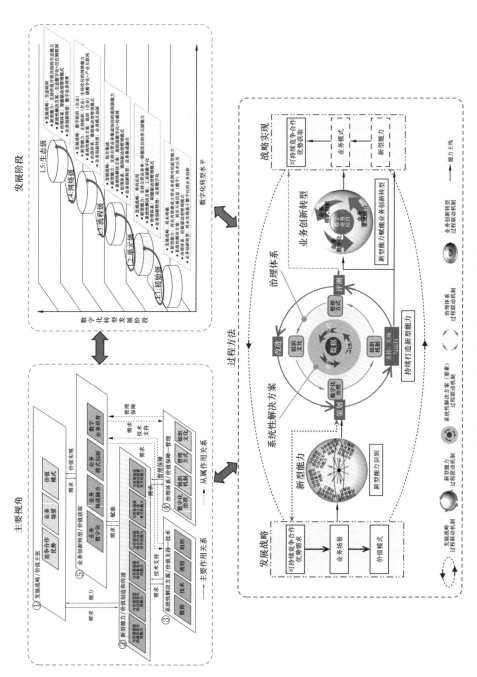

● 图 4-8-1 数字化转型参考架构及主要内容

结 束 语

泛化数字技术（物联网、机器人、数字孪生、大数据、人工智能、云计算、移动应用等）的蓬勃发展和广泛应用，加速了数字经济时代的到来，在给油气行业竞争带来巨大冲击的同时，也带来了全新的改变。在数字经济大潮中，中油国际紧跟数字化转型、智能化发展步伐，围绕提质、降本、增效、控险的价值目标，通过推进"一云、一湖、一平台"建设，提升海外油气田生产运营和企业管控的数字化、智能化水平，持续增强企业核心竞争力，快速打造具有中国石油海外特色的数字经济体系，为中油国际早日跨入"世界一流综合性国际能源公司"行列奠定良好的数字化、智能化基础。

中油国际信息化经过"十二五"集中建设和"十三五"集成应用，取得了可喜的成就，面对新一轮的数字化变革大潮，绘制了中国石油海外油气业务"十四五"数字化转型智能化发展蓝图，确定了依托梦想云数字化与智能化平台（具体参阅《勘探开发梦想云——梦想云平台》）的快速发展路径，明确了海外智能油田建设规划，并对未来的数字化与智能化应用场景进行了描绘，确立了海外油气业务高质量、高效益发展技术保障措施，为中国石油今后一个时期内的海外油气业务转型发展奠定了基础。希望此种探索能够对中国石油乃至中国能源海外油气业务发展起到保驾护航的作用，这正是本书全体编著者共同的初心。

"路漫漫其修远兮，吾将上下而求索。"在探索能源海外油气业务高效发展的道路上，海外石油人坚持"讲究效益、注重保障、培育规模、协调统一"的总体原则，积极学习与借鉴国际先进油公司的发展经验和理念，开展国际化经营。按照核心业务、重点突破、多元开发战略，努力实现海外油气业务的快速、安全、有效发展。在经历了探索起步和迅速成长两个阶段后，现已进入加快发展的新阶段。中国石油海外石油人秉承"奉献能源、创造和谐"的宗旨，致力于自然、社会和人类的和谐发展，认真践行低碳生产运营理念，不断提升资源开发与利用效率，努力为全球能源市场提供优质可靠的产品和服务。

在数字经济发展的大潮前，数字化转型是关系到企业生存和发展的必答题（具体参阅《勘探开发梦想云——数字化转型智能化发展》），需要领导者具有"一张蓝图绘到底"的决心，需要全体干部员工拥有"上下一条心，勇立潮头敢为先，奋楫扬帆谋新篇"的勇气，才能使企业在新的发展机遇中立于不败之地。

参考文献

The Open Group，2021-03-30. 官宣：OSDU™ 开放数据平台 Mercury（R3）发布会现场亮点整合［EB/OL］. 能源行业顶级外交圈. https：//mp.weixin.qq.com/s/PhZqvSPrX_6y-17XFbJrfA.

戴厚良，（2020-12-03）［2020-12-8］. 中国石油：以数字化转型驱动油气产业高质量发展［EB/OL］. http：//news.cnpc.com.cn/system/2020/12/08/030018457.shtml.

戴厚良，2020-11-06. 全球能源产业正面临着全方位的深刻变革［N/OL］. 经济观察报.

杜金虎，时付更，杨剑锋，等，2020. 中国石油上游业务信息化建设总体蓝图［J］. 中国石油勘探，25（5）：1-8.

杜金虎，时付更，张仲宏，等，2020. 中国石油勘探开发梦想云研究与实践［J］. 中国石油勘探，25（1）：58-66.

杜金虎，杨剑锋，张仲宏，等，2020. 中国石油勘探开发梦想云研究与应用［M］. 北京：石油工业出版社.

范春凤，徐海东，黄容萍，等，2017. 海外勘探开发一体化数据模型标准建设及实践［J］. 石油工业技术监督（12）：59-62.

古学进，2004. 把脉企业信息化［J］. 数字化工（2）：11-14.

汉信咨询：律德启，（2021-04-01）. 三面镜子解析企业数字化转型［EB/OL］. 数据工匠俱乐部. https：//mp.weixin.qq.com/s/SfF90mvvPoJRM1ss7-7O1g.

贾承造，2020. 中国石油工业上游发展面临的挑战与未来科技攻关方向［J］. 石油学报，41（12）：1445-1464.

姜敏，程顺顺，周景伟，等，2017.EPDM 模型引领油田数据管理新篇章［J］. 中国管理信息化（19）：205-210.

焦方正，（2020-03-03）［2020-07-02］. 大力推进数字化转型智能化发展［N/OL］. 中国石油报.

金正纵横，［2017-08-07］.［特别关注］数字化—油田转型大势所趋［EB/OL］. https：//www.sohu.com/a/162993628_256471.

刘斌，李铁军，2014. 面向海外数字油田勘探开发一体化方案研究［J］. 数字通信世界（10）：43-49.

刘合年，史卜庆，薛良清，等，2020. 中国石油海外"十三五"油气勘探重大成果与前景展望［J］. 中国石油勘探（4）：1-10.

刘亮，马睿，储宝，等，2021-3-31. 推动数字化转型，国际石油公司都做了些什么？［EB/OL］CNPC-Online. https：//mp.weixin.qq.com/s/e-IY6qkCRW8mwtS1yVc2qQ.

刘希俭，等，2012. 企业信息技术总体规划方法［M］. 北京：石油工业出版社.

刘希俭，2008. 中国石油信息化管理［M］. 北京：石油工业出版社.

骆科东，王丽丽，苏伊拉，等，2016. 企业信息化价值的概念. 特点及评价体系［C］// 中国石油学会.

马涛，黄文俊，刘景义，等，2015. 石油勘探开发数据模型标准研究及进展［J］. 信息技术与标准化（12）：69-73.

马涛，王宏琳，许增魁，2014. 智慧油气田与智慧云数据中心［J］. 信息技术（1）：86-90.

马涛，许增魁，常冠华，等，2020. 数字、智能与智慧油气田价值模型［J］. 信息技术与标准化（12）：58-63.

马晓东，2021. 数字化转型方法论：落地路径与数据中台［M］. 北京：机械工业出版社.

数据学堂：安筱鹏，（2019-4-28）［2021-03-25］. 数字化转型2.0：十个关键词讲透数字化转型的本质［EB/OL］// 清华大学经管学院高教论坛. https：//mp.weixin.qq.com/s/HJ_PYdrUU03aEnkEJwqYpw.

唐玺，李永产，徐庆，等，2017. 海外勘探开发一体化运营管理与实践［C］. 第三届全国石油石化信息化发展论坛暨新技术、新产品展示会论文集 // 中国石油企业学会：591-598.

熊方平，马进山，陈新燕，等，2011. 中国石油一体化勘探开发数据模型研究与实践［J］. 信息技术与信息化（3）：49-55.

许增魁，马涛，王铁成，等，2012. 数字油田技术发展探讨［J］. 中国信息界（9）：28-32.

杨剑锋，杜金虎，杨勇，等，2021. 油气行业数字化转型研究与实践［J］. 石油学报，42（2）：248-258.

中油瑞飞数字化能力中心，等，2020. 油气行业数字化转型［M］. 北京：清华大学出版社.

周宏仁，2013. 中国信息化形势分析与预测（2013）［M］. 北京：社会科学文献出版社.